퍼펙트 게스

퍼펙트 게스

불확실성을 확신으로 바꾸는 맥락의 뇌과학

이인아 지음

21세기북스

추천사

뇌는 눈치 100단이다. 좋은 것인지 나쁜 것인지, 상대가 적인지 친구인지, 몇 초 안에 파악한다. 인류는 무엇이 핵심인지 척 보면 아는 기술로 지구상 최상위 포식자로서 살아남아 현대문명을 이루었다. 뇌가 어떻게 맥락을 이해하고 판단하는지 평생을 연구해 온 학자가 비밀의 열쇠를 풀어 놓는다. 저자는 뇌인지과학의 최첨단 지식을 척 보면 알 수 있도록 쉽고도 명료하게 설명해 준다. 인공지능 시대, 나의 뇌를 개발하는 전대미문의 길을 밝혀 주는 뇌과학 필독서다.

- **김대수** (뇌과학자, 카이스트 생명과학과 교수)

추천사

복잡하고 거짓된 정보가 넘쳐 나는 생존 게임에서 자신을 잃지 않고 일상을 완주해야 하는 우리에게 뇌과학은 강력하고 과학적인 돌파구가 되어 준다. 이 책에서 말하는 뇌의 작동 원리를 제대로 활용한다면 때로는 강력하게, 때로는 유연하게 변화에 적응하기 위한 최적의 뇌를 만드는 '맥락 설계자'가 될 수 있을 것이다.

- 장동선 (뇌과학자, 한양대학교 창의융합교육원 교수)

prologue

누구나 '나'에 대해 알고 싶어 합니다. 그리고 사람은 사회적 동물이기 때문에 나와 관련된 다른 사람에 대해서도 알고 싶어 합니다. 나를 비롯한 누군가에 대해 알고 싶다는 것은 사람의 마음과 사고가 어떻게 작동하는지, 어떤 행동이 왜 나왔는지를 이해하고 싶다는 뜻입니다. 사람들은 이러한 호기심과 지적 욕구를 채우기 위해 각자의 방식으로 정보를 찾아 나섭니다. MBTI 검사 같은 성격검사나 다양한 적성검사를 해보기도 하고, 사주를 보기도 하고, 전문가에게 상담을 받기도 하지요. 『퍼펙트 게스』는 이러한 인간의 기본적인 호기심에 대한 답을 어디서 찾을 것인지 이야기하는 책입니다. 그리고 우리 뇌를 과학적으로 이해하는 데 답이 있다고 제시합니다. 어찌 보면 지극히 당연한 이야기라고 생각하는 분들도 있을 것입니다.

하지만 제가 첫 번째 대중서인 『기억하는 뇌, 망각하는 뇌』를 쓴 이후 책을 소개하기 위한 대중 강연을 다니면서 느낀 점이 있습니다. "나를 포함한 우리 인간을 근본적으로 이해하기 위해서는 뇌의 작동을 이해해야 한다"라는 더없이 당연한 과학적 이야기가 대중에게는 당연하게 와닿지 않는 다소 생소한 이야기라는 사실입니다. 물론 평소 뇌과학 서적이나 유튜브 채널 등을 관심 있게 보던 분들에게는 자연스럽고 익숙한 이야기일 수도 있지만 그렇지 않은 분도 상당히 많다는 것을 경험했습니다. 왜 그럴까 곰곰이 생각하게 되었습니다. 자연과학대학에서 과학적 실험과 연구를 하는 교수인 저에게는 다소 의아하게 여겨지는 부분이었기 때문이지요. 정답은 여전히 분명치 않지만, 몇 가지 이유는 이제 눈에 보이는 것 같습니다.

첫 번째 이유는, 이미 '나'를 이해하기 위해서 각자 나름대로 채택한 방식과 지식 체계와 신념 체계 등이 있다는 점입니다. 종교를 가지고 있는 분도 있고 고대부터 내려오는 역술법이나 인간에 대한 또 다른 분류법을 믿는 분도 있습니다. 이 책에서 많이 이야기하고 있지만 뇌는 주변의 변화무쌍한 환경을 해석하고 결정을 내려야만 하기 때문에 개인은 자기 나름의 신념 체계를 반드시 필요로 합니다. 따라서 세상을 해석하고 결정하기 위해 무언가를 믿고 의지하는 것은 지극히 당연한 일입니다.

두 번째 이유는 뇌과학적, 특히 뇌인지과학적 지식과 기술의 발전이 일반인들의 기대처럼 빠르지 않아서 사람들의 지적 욕구를 온전히 충족시켜 주지 못한다는 점입니다. 이것은 어느 과학의 영역이나 마찬가지입니다. 과학에서는 실험에 의해 완전히 검증되지 않은 것은 진리로 받아들이지 않기 때문에 검증 과정이 오래 걸리는 것이 당연합니다. 대신 일단 검증되면 흔들리지 않는 원칙이 세워지고 엄청난 파급효과를 가져온다는 점이 과학의 매력이죠. 뇌과학 중에서도 특히 뇌의 학습, 기억, 사고, 판단, 감정, 의사결정 등을 연구하는 뇌인지과학은 과학적 실험의 어려움으로 인해 발전이 더딘 것이 사실입니다.

또한 우리나라에서 뇌인지과학이 학문 분야로 늦게 자리 잡았다는 이유도 있습니다. 뇌인지과학이 발달한 미국이나 유럽의 선진국과 달리 이 글을 쓰고 있는 현재도 전국 대학에 학과가 거의 없을 정도입니다. 그 밖의 여러 가지 원인이 복합적으로 작용한 탓에 '나'와 '우리'에 대해 궁금할 때 뇌를 들여다보려는 생각을 하는 일이 생소하게 다가오는 분위기 같습니다.

하지만 인공지능이 엄청난 속도로 발전하면서 우리 생활에 이렇게 빠르고 깊숙하게 들어올지 몰랐듯이 뇌인지과학 또한 앞으로 매우 빠르게 발전하면서 생활 속에 깊이 자리 잡을 것입니다. 특히 중고등학교의 학생들을 대상으로 강연할 경우 차이가 느껴집니다. 이 학생들은 인지와 행동을 이해하기 위해서는 무조건 뇌를 들여다봐야 한다는 점을 너무도 자연스럽게 생각합니다. 그리고 대학에서 뇌인지과학을 전공하고 싶다고 매우 열정적으로 이야기합니다. 인간이 인간을 더 잘 이해하고 싶고 그중 '나'라는 특수한 인간의 독특함과 가치를 더 잘 이해하고 싶은 것은 너무도 당연한 본능이며 기본적 욕구입니다. 그리고 그 방법은 과학적이어야 합니다. 물론 과학이 설명할 수 없는 부분도 많이 있지만 뇌인지과학적으로 설명할 수 있는 사고와 행동의 범위가 점점 넓어지고 있습니다.

❖

이 책은 개개인의 뇌가 작동하는 특정 방식을 설명해 주기보다는 뇌의 거대한 작동 원칙을 설명하는 책입니다. 그리고 이 책에서 말하는 뇌의 근본적 작동 원리는 '맥락적 추론'입니다. 각자가 살아오면서 경험한 내용에 따라 뇌의 작동 방식이 다를 수 있지만 작동의 기저에 흐르는 기본적인 원칙은 같습니다. 마치 프로야구 시즌 동안 치러지는 수많은 개별 경기의 내용은 모두 다르지만 야구라는 게임의 규칙은 정해져 있는 것과 같다고 할 수 있지요. 야구의 규칙을 모르는 사람이 야구 경기를 아주 재밌게 볼 수 있을까요? 혹은 그런 사람이 야구 경기를 이해할 수 있을까요? 아마도 불가능할 겁니다. 마찬가지로 뇌가 작동하는 거대한 규칙을 알게 되면 자신에게 일어나는 개별 사건도 더 쉽게 이해할 수 있고, 타인의 행동과 사회 속 인간의 행동도 더 잘 이해하고 대응할 수 있게 될 것이라는 생각으로 이 책을 쓰게 되었습니다.

이 책은 뇌가 맥락이라는 정보를 어떻게 형성하고 활용하는지 소개합니다. 뇌는 맥락의 학습과 활용 없이는 거의 아무것도 결정할 수 없다는 메시지를 여러 가지 사례를 들어 설명하고자 했습니다. 이 책을 읽으시는 분이 학생일 수도 있고 직장인일 수도 있고 단순히 나의 뇌에 대해 궁금한 누군가일 수도 있을 것 같습니다. 책을 읽으면서 나의 뇌는 어떤 맥락 형성 과정을 거쳐 왔고 나는 내 앞에 벌어지는 일들을 어떤 맥락 정보를 가지고 해석하고 행동해 왔는지 생각하게 된다면 저자로서 행복할 것 같습니다. 내 경험이 내 뇌 속에 맥락을 형성한다는 사실을 인식하고, 뇌의 적응적인 '맥락 설계자' 혹은 '맥락 집행자'가 되려면 어떻게 해야 하는지를 생각하는 기회를 제공할 수 있는 책이길 희망해 봅니다.

뇌라는 공간에 무엇을 넣는지에 따라
나만의 독특한 방식으로 배치된 세상 하나뿐인
아름다운 정원이 될 수도 있고, 천편일률적이고
그저 단조로운 공간이 될 수도 있습니다.

지금 이 순간의 경험 하나하나를

능동적이고 주체적으로 선택해 나간다면

마침내는 나만의 멋지고 독특한

맥락을 갖는 뇌가 될 것입니다.

contents

3부
완벽한 추론을 결정하는 맥락 설계의 비밀

4부
맥락 설계에 실패하면 생기는 문제들

5부

탁월한 맥락 설계자의 뇌 활용법

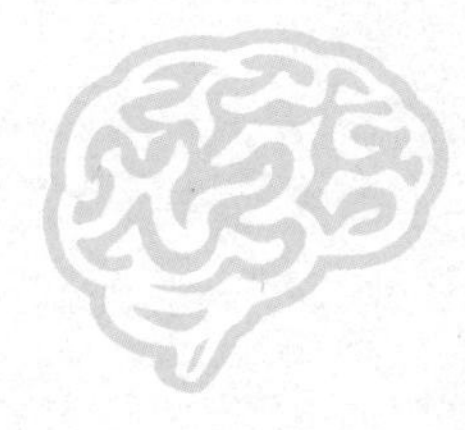

1부

우리 뇌가 애매한 정보와 싸우는 방식

(1)

뇌를 움직이는 거대한 작동 원칙

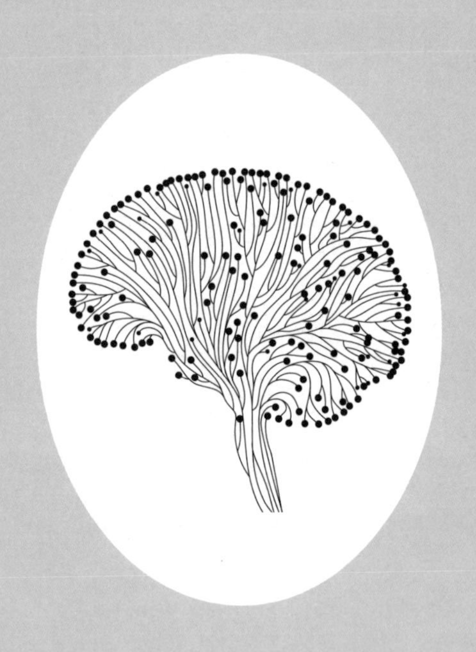

Perfect Guess

저는 뇌를 연구하기 위해 1996년 서울대학교 심리학과 대학원에 들어갔습니다. 석사 과정에 입학한 이래로 지금까지 약 30년 동안 뇌의 인지적 기능, 특히 그중에서도 뇌의 학습과 기억을 연구하는 과학자로서 살아왔습니다. 뇌의 기능을 과학적으로 연구해 온 제게 누군가 "뇌는 어떤 방식으로 작동하는지 한마디로 말해 주세요"라고 요청한다면, 저는 주저 없이 "뇌는 맥락을 파악하고 그에 따라 정보를 처리합니다"라고 답할 것입니다.

그렇다면 '맥락'이라는 것이 과연 무엇일까요? 국어사전에서는 맥락을 크게 두 가지로 정의합니다. 첫 번째는 의학적 개념으로 "혈관이 서로 연락되어 있는 계통"이라는 뜻입니다. 그리고 두 번째는 조금 더 일반적인 의미로 "사물 따위가 서로 이어져 있는 관계나 연관"이라는 뜻입니다. 사전적 정의만 언뜻 봐서는 무슨 말인지 알기 어렵지 않나요? 사실 맥락이라는 말은 여러 가지 의미를 지니고 있어 간단히 정의하기는 어렵습니다만, 우리의 일상생활에서는 대개 '어떤 일의 전후에 벌어진 일들이 만들어 내는 흐름 혹은 정립된 관계'를 이야기합니다. 흔히 '이야기의 맥락에 비추어 볼 때'라고 말할 때 이런 의미로 맥락이라는 단어를 쓰는 것이죠.

영어로 맥락은 콘텍스트context라고 합니다. "taken out of context"라고 하면 이야기를 듣거나 보면서 파악되는 자연스러운 흐름에서 벗어나 있음을 의미합니다. 예를 들어, 영화 〈시네마 천국Cinema Paradiso〉의 마지막 부분에는 주인공 토토가 옛날 영사관에서 자신의 친구였던 알프레도 할아버지가 남긴 키스신 모음을 보고 우는 장면이 나옵니다. 하지만 이 영화를 처음부터 보면서 이야기의 흐름을 따라 가지 않은 사람이 이 장면을 본다면 '저 사람은 왜 키스신을 보면서 울지? 이상하네'라고 의아하게 생각할지 모릅니다. 즉, 주인공이 우는 장면이 어떤 맥락에서 나온 것인지 이해하지 못하는 것이죠. 우리 일상생활 속 정보처리 중 시간적 맥락이 중요한 또 다른 대표적 예로는 언어가 있습니다. 어떤 문장 내의 단어들을 끝까지 순차적으로 듣거나 보지 않으면 그 문장의 의미를 완전히 파악할 수 없기 때문이지요. 언어

역시 강력한 맥락을 만들어 내는 정보처리의 형태입니다. 이런 경우에 쓰이는 '맥락'은 뇌인지과학적으로 정확히 표현하자면 '시간적 맥락temporal context'입니다.

그렇다면, 국어사전의 정의에서 "사물 따위가 서로 이어져 있는 관계"라는 표현은 무슨 뜻일까요? 이러한 의미로 쓰는 '맥락'이라는 말은 우리말보다는 영어에서 더 많이 사용되는 것 같습니다. 이 정의에 따르면 맥락은 어떤 정보가 수집될 때 그 주변에 존재하는 모든 사물이 서로 맺고 있는 특정한 관계를 가리킵니다. 정의 자체가 좀 어렵게 들릴 수 있는데, 우리말로는 이러한 관계를 '맥락'이라고 표현하는 일은 드물고 '주변 상황'이라고 더 많이 표현하는 것 같습니다. 예를 들어 볼까요? 광화문 광장에 이순신 장군 동상이 있지요? 기억 속에서 지금 이순신 장군 동상을 떠올리면 마음속에 무엇이 보이나요? 물론 커다란 칼을 들고 있는 이순신 장군의 동상의 모습이 보이겠지만, 그 주변으로 마음의 눈을 이동해 보면 무엇이 보이나요? 아마도 파란 하늘과 경복궁, 주변의 빌딩들, 세종문화회관, 그리고 광화문 광장의 사람들이 어떤 특정한 방식으로 배치된 공간이 보이실 것입니다. 이처럼 사물들이 배치된 상황을 뇌인지과학에서는 '공간적 맥락spatial context'이라고 합니다. 국어사전에서 사물이 이어져 있는 관계라고 정의하는 것이 바로 이 공간적 맥락입니다.

시간적 맥락과 공간적 맥락은 '맥락적 정보contextual information'라고 말할 수 있습니다. 그러면 우리 일상생활에서는 시간적 맥락과 공간적 맥락이 뇌에서 분리되어서 따로따로 처리될까요? 그렇지 않습니다. 대부분의 경우에는 뇌에서 시간적 맥락과 공간적 맥락이 동시에 병렬적으로 처리됩니다. 앞에서 시간적 맥락의 예로 든 영화 〈시네마 천국〉을 다시 생각해 봅시다. 토토가 빈 극장에서 홀로 눈물을 흘리면서 영화관의 스크린을 응시하는 장면을 떠올리면 아마도 극장의 빨간색 좌석들과 어두운 배경 등 공간을 구성하는 공간적 맥락과 함께 개별 장면들이 순차적으로 이어질 것입니다. 처음에는 미소를 지으며 필름을 감상하던 토토의 눈시울이 점차 붉어지면서 결국 토토가 우는 장면으로 이어지는 시간적 맥락도 기억하실 수 있을 겁니다. 우리가 좋아하는 비빔밥의 재료들을 따로따로 가리키며 계란, 오이, 당근 등 분리해서 이야기할 수 있지만, 비빔밥이라고 하는 요리는 이들 재료가 서로 엉키고 섞여서 어우러져 있는 상태를 말하는 것이죠? 마찬가지입니다. 비빔밥의 이러한 재료들처럼 시간과 공간이 만들어 내는 맥락들은 뇌에서 한데 어울려 섞여서 내 인지적 정보처리를 좌우합니다. 이러한 이유로 뇌인지과학에서는 이를 '시공간적 맥락spatio-temporal context'이라는 전문 용어로 부르기도 합니다. 단어를 합쳐 복합어를 만들 때 우리말에서는 시간을 공간보다 먼저 이야기하고(시공간적), 영어에서는 공간을 시간보다 먼저 이야기한다는 것(spatio-temporal)이 흥미롭습니다.

❖

이 책에서는 우리 뇌가 정상적인 기능을 발휘하는 데 맥락이라는 정보가 얼마나 큰 영향을 미치는지 소개하려고 합니다. 우리 뇌는 매 순간 문제를 풀고 있다고도 볼 수 있는데요, 이때 시공간적 맥락 정보를 풀이의 결정적 단서로 이용합니다. 맥락 정보가 거의 없는 상황에서는 어떤 정보를 해석하기도 애매하고 자연히 그 정보에 반응하기도 어려워집니다. 그 때문에 우리 뇌는 어떻게든 주어진 여건에서 맥락 정보를 최대한 찾아내서 활용하려고 합니다.

매 순간 맥락 정보로 문제 풀이를 하고 있다는 말이 무슨 뜻일까요? 우리 뇌는 세상에서 오는 시각, 청각, 촉각, 후각, 미각 등의 자극을 감각하고 해석하여 의미를 찾는데, 이를 '지각'이라고 합니다. 그리고 지각된 자극(예: 스마트폰)을 자신의 기억 속의 정보와 맞춰 보는 재인recognition이라는 기억 속 정보 확인 과정을 통해 물체나 사람을 알아볼 수 있습니다. 이 모든 과정이 순탄하게 이루어지면 내 눈앞의 스마트폰이 나의 것인지 아니면 다른 사람의 것인지 알아볼 수 있고, 내 스마트폰이면 자신 있게 손을 뻗어 스마트폰을 집어 들 것입니다. 물론 자신의 스마트폰과 비슷하게 생겼지만 자신의 것이 아닌 것으로 판별되면 함부로 집어 드는 행동을 억제하겠죠? 이처럼 '감각–지각–학습–기억–

의사결정–행동'의 모든 단계를 뇌에서 물 흐르듯 자연스럽게 이어지게 하는 데 맥락적 정보처리는 필수적입니다.

이 정보처리의 흐름 중 대부분의 정보처리는 무의식적으로 일어나기 때문에 의식적으로 느낄 수 없습니다. 나의 뇌가 나도 모르는 사이에 수많은 맥락에 의해 좌지우지되며 정보를 처리하고 있다는 것이 무섭게 느껴지기도 합니다. 하지만 무언가 두렵다는 것은 그 대상에 대해 정확히 알지 못하기 때문일 수 있습니다. 두려워하는 대신 뇌에서 일어나는 정보처리 과정의 핵심을 알고 이를 최대한 활용한다면 더욱 더 나은 생활이 가능하다고 생각하면 좋겠습니다. 그러면 훨씬 마음 편하게 이 책을 읽을 수 있을 것입니다. 맥락은 과거의 경험에 의해 형성되고 이 경험은 나의 미래를 예측하는 데 쓰이는 꼭 필요한 정보입니다. 이는 어떻게 보면 나의 뇌에 중요한 맥락을 내가 만들어 갈 수 있다는 뜻이기도 합니다.

그럼 본격적으로 뇌인지과학적 맥락에 대한 이야기를 하기 전에 우리가 일상생활에서 뇌의 맥락적 정보처리의 영향을 얼마나 많이 받는지 몇 가지 예를 들어 살펴볼까요?

(2)

낯섦에서 친숙함으로, 맥락의 힘

Perfect Guess

우리나라에서는 예전부터 추운 겨울에 마스크를 쓴 사람들을 어렵지 않게 볼 수 있었습니다. 제가 어렸을 때의 기억을 더듬어 보아도 면으로 된 마스크를 어린이용과 어른용 모두 약국에서 팔았던 것 같습니다. 감기에 걸리거나 비염이 있는 사람들은 마스크를 쓰곤 했지요. 그러다 언제부턴가 봄에 황사 현상이 심하게 나타나고 미세먼지가 짙어지면서 마스크를 쓰는 날이 많아졌습니다. 미세한 물질을 얼마나 걸러 내는지에 따라, 즉 모래 먼지부터 초미세 먼지까지 걸러 내는 입자의 크기에 따라 마스크를 구별해서 쓰기 시작했고, KF80이니 KF94니 하는 숫자에 서서히 익숙해졌습니다. 그러다 2020년 코로나바이러스로 인한 팬데믹이 시작되면서 약 3년 동안 우리는 하루도 빠짐없이 마스크를 쓰고 생활했습니다. 실외뿐 아니라 실내에서도 마스크를 꼭 써야 했습니다. 하지만 한국에 사는 우리는 코로나 팬데믹 이전부터 마스크를 쓴다는 것 자체에는 익숙해져 있었습니다. 마스크를 쓴 누군가를 보면 감기에 걸렸겠거니 혹은 알레르기 비염이 있겠거니 하고 대수롭지 않게 생각했죠. 그래서 마스크라는 물건에 거부감이 그렇게 크지 않았습니다.

미국이나 유럽 등 서구의 나라에서는 어땠을까요? 저도 미국에서 10년 이상 살았지만, 병원이나 소방 현장과 같은 특수한 장소나 상황이 아니면 일반인이 마스크를 쓴 모습을 거의 볼 수 없었습니다. 적어도 코로나 팬데믹 이전까지는 말이죠. 유럽도 마찬가지입니다. 서구의 사람들은 마스크를 쓰고 얼굴을 가리는 일이 병원과 같이 감염 위험이 있는 곳에서 근무하는 사람이나 감염에 취약한 입원 환자에게 국한된 행동이라고 인식해 왔습니다. 아프거나 특수 직업이 아닌데도 마스크를 쓰는 것은 자신의 얼굴을 드러내서는 안 되는 범죄자 같은 사람이 하는 행동이라 생각했기 때문에 바람직하게 보지 않는 시선도 존재했습니다.

제가 난생처음 국제선 비행기를 탔을 때의 에피소드를 하나 말씀드려 볼까요? 1998년 여름, 미국에 박사학위 과정을 밟기 위해 가는 길이었습니다. 국내에서 1시간도 채 안 되는 제주도행 비행기를 탄 경험만 몇 번 있던 제가 10시간이 넘게 비행기를 타고 날아가는 것은 너무 힘들었습니다. 특히 비행기에서 나오는 에어컨 바람이 문제였습니다. 당시 약한 감기 기운이 있던 터라 자꾸 기침이 났던 것입니다. 미국의 델타 항공이 운영하는 비행기를 탔는데, 승무원 중 한국인처럼 보이면서 영어를 아주 잘하는 분이 계셨습니다. 아마도 외국인 승객을 전담하는 승무원인 것 같았고 미국에서 사는 분 같았습니다. 그분에게 기침이 나와서 그러니 비행기의 에어컨을 조절해 줄 수 없냐고 물어보니 어렵다고 하시더군요. 그래서 그럼 혹시 마스크가 비치되어 있으면 하나 줄 수 있냐고 했더니 웃으면서 "한국 사람들이나 마스크 쓰지 미국 사람들은 자라면서 마스크를 써본 경험이 없을 거예요"라고 하셨던 기억이 납니다. 그때는 그게 왜 웃을 일인지 잘 이해되지 않았고, 마스크를 쓰는 게 우리나라 사람들에게만 익숙한 행위라는 점도 이해가 가지 않았습니다. 하지만 미국에 오래 살아 보니 그 승무원이 웃은 이유를 알 것 같더군요. 실제로 미국에서는 마스크 쓴 사람을 거리나 직장에서 볼 수 없었습니다. 실험을 하거나 병원에서 일한다면 마스크를 쓰지만, 마스크를 쓰고 다니는 일반인은 거의 보지 못했습니다.

✣

그러나, 코로나 팬데믹으로 인해 마스크에 대한 인식이 180도 바뀌었다고 볼 수 있습니다. 코로나 팬데믹을 겪은 2020년부터 미국이나 유럽 길거리에서 마스크를 쓴 사람을 마주하더라도 예전과 달리 누구도 그 사람을 이상하게 쳐다보는 일이 없었습니다. 왜 그럴까요? 어떤 경험이 이토록 많은 사람의 뇌가 마스크라는 물체를 보는 시선을 바꿔 놓았을까요? 팬데믹 초반에는 마스크를 쓰는 것에 대해 서구 사회에서 매우 회의적이었던 기억이 납니다. 마스크는 겁쟁이들만 쓰는 것이라는 뜬소문을 퍼뜨리는 사람들도 있었고, 마스크를 강제로 쓰게 하는 것은 인간으로서의 신체의 자유를 제한하는 것이라고 반대하는 격렬한 시위도 있었지요. 무엇보다도 개인의 자유를 중시하는 사회에서는 역시 반응이 다르더군요. 그것을 보면서 우리나라의 국민들은 정부의 방침에 정말 잘 협조한다는 생각도 들었습니다. 아무튼 격렬한 저항이 있던 서양에서도 결국에는 '내가 마스크를 쓰지 않으면 주변 사람들에게 피해를 입히므로 이는 더 이상 개인의 자유 문제가 아니다'라는 주장이 설득력을 얻기 시작했습니다. 마스크의 집단면역 효과가 매우 크다는 것이 입증되면서 모두가 마스크를 쓰기 시작했죠. 이제는 코로나가 어느 정도 종식되었지만 아직도 사람이 많이 모인 곳에서는 감염에 취약한 분들이 마스크를 쓰고 있습니다. 미국에서도 이 모습을 볼 수 있지만 이제는 아무도 그 사람을 이상하게 쳐다보지 않습니다.

마스크라는 작은 물체에 대한 사람들의 행동과 태도가 바뀐 것입니다. 감염의 위험에서 자신과 타인을 보호하기 위해 마스크를 쓴다는 '맥락'이 사람들의 뇌 속에 형성되었다는 뜻입니다. 이제는 마스크를 쓴 사람을 볼 경우 우리 뇌가 '저 사람이 은행을 털기 위해서 마스크를 쓰고 있는 것이 아니라 감염에서 보호받기 위해 마스크를 쓴다'고 해석하게 되었습니다. 팬데믹 이전의 뇌는 마스크라는 물체를 어떻게 해석해야 할지 몰랐던 것이죠. '멀쩡한 사람이 왜 마스크를 쓰고 있지? 범죄자인가? 아니면 병원에서 일하다가 마스크를 벗고 나오는 것을 잊은 건가?' 아마도 우리 뇌는 마스크라는 물체에 대해 해석하기 위해 많은 노력을 했을 것입니다. 하지만 코로나 팬데믹이라는 특정 경험이 해석의 애매함을 한 번에 없애 주었습니다. 즉, 코로나 팬데믹을 겪기 전과 후, 서구 사회 사람들의 뇌는 마스크라는 같은 물체를 보고도 매우 다른 반응을 보이게 되었습니다.

✣

이처럼 특정 경험에 의해 생긴 맥락 정보에는 같은 대상의 의미를 다르게 만들 수 있는 힘이 있습니다. 앞으로 무엇을 보게 되든 우리가 경험하는 그날그날의 일상이 그 무엇의 의미를 해석하는 데 중요한 맥락 정보를 제공한다는 말입니다. 매일매일의 경험이 뇌에게 얼마나 중요한 것인지 새삼 깨닫게 됩니다.

(3)

"예측하고 행동하라" 뇌가 선택한 생존 전략

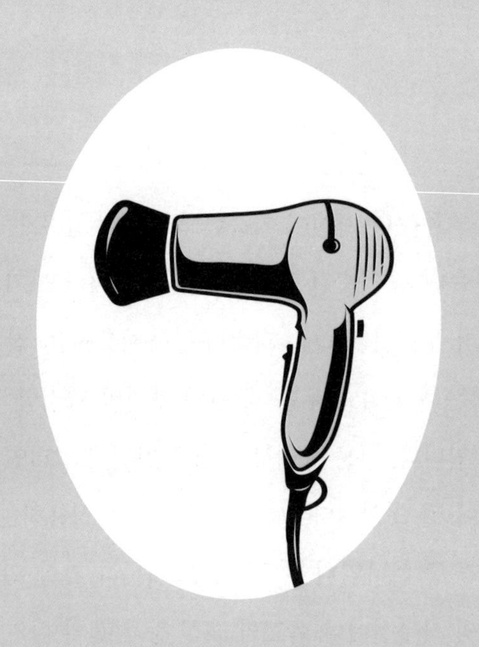

Perfect Guess

누구나 자신이 익숙한 공간에서 늘 쓰는 물건을 아주 쉽게 찾습니다. 익숙한 공간이라는 것은 아마도 거의 매일 시간을 보내며 무언가를 하는 장소라는 뜻이겠지요. 집에서 늘 집밥을 해 먹는 사람의 경우는 집 안의 부엌이 그러한 장소 중 하나가 될 것입니다. 전문 요리사의 경우 자신의 일터인 주방이 익숙한 공간이 될 것입니다. 매일 집에서 자주 사용하는 화장실도 익숙한 공간 중 하나입니다. 화장실뿐 아니라 거실, 안방, 베란다 등과 회사의 사무실이나 학교의 교실 등 자신의 삶의 터전이 되는 장소는 대부분 익숙한 공간이라고 말할 수 있습니다.

무언가에 익숙하다는 것은 그에 관한 경험이 많다는 것이고, 경험이 많다는 것은 뇌인지과학적 용어로는 '학습'이 잘되어 있다는 의미입니다. 학습이 잘 이루어진 우리 집의 화장실, 거실, 부엌 등 각각의 공간은 우리 뇌에 각각 공간적 맥락이라는 형태의 기억으로 존재합니다.

❖

샤워하고 난 뒤 화장실 혹은 욕실에 있는 헤어드라이어를 집어 들고 스위치를 켜서 머리를 말린 경험이 아주 많을 겁니다. 지금 눈을 감고 자신이 늘 쓰는 헤어드라이어를 떠올려 보세요. 얼마나 자세하게 떠오르나요? 손잡이의 모양과 색깔, 스위치의 위치, 로고는 어디에 어떤 모양으로 새겨져 있는지 등등 구체적인 모습이 떠오르나요? 아마 대부분은 대략의 형체만을 기억할 뿐 아주 세세한 점은 잘 기억하지 못할 것입니다.

이번에는 욕실에 들어가 헤어드라이어를 집어 드는 순간의 자신을 한번 떠올려 보세요. 현재 인공지능의 사물 인식 시스템처럼 헤어드라이어라는 물체를 구석구석 보면서 분석을 마친 후 '이것은 머리를 말리는 헤어드라이어군' 하고 판단을 내린 후에야 손으로 헤어드라이어를 집어 들고 머리를 말리시나요? 그렇지 않을 겁니다. 사실 화장실에서 헤어드라이어를 집어 들거나 꺼내는 순간, 우리 뇌는 헤어드라이어를 거의 시각적으로 분석하지 않습니다. 왜 그럴까요?

⁂

그 답을 말하기 전에 하나 더 생각해 봅시다. 머리를 말리려고 헤어드라이어를 찾는데, 욕실에 헤어드라이어가 없다고 가정해 보겠습니다. 가족 중 누군가가 헤어드라이어를 가져가서 쓰고 제자리에 놔두지 않았겠죠? 그런데 집 안을 돌아다니면서 아무리 찾아봐도 보이지 않습니다. 이제 짜증이 폭발하면서 식구들에게 잔소리하기 시작하는데, 이럴 때 꼭 가족 중 누군가가 "여기 있네!" 하고 헤어드라이어를 집어 들어 보여 줍니다. 알고 보니 주방의 싱크대 옆에 그릇과 후라이팬이 있는 곳에 같이 놓여 있었습니다. 분명 주방도 보고 왔는데 왜 헤어드라이어를 발견하지 못했을까요? 이 질문에 대한 답은 앞의 상황, 즉 우리 뇌가 욕실에서 헤어드라이어를 자세히 보지도 않고 집어 드는 이유와 같습니다.

욕실 혹은 화장실이라는 공간은 아주 강력한 공간적 맥락입니다. 이러한 맥락 정보 덕분에 뇌는 어떤 공간에 들어가면 그 공간에 있는 물체들이 대충 어떻게 생겼고 어디에 배치되어 있는지 예측할 수 있습니다. 이 강력한 예측 시스템은 그 공간에 있는 헤어드라이어 비슷하게 보이는 물체를 모두 헤어드라이어로 볼 수밖에 없도록 뇌를 준비시켜 놓았습니다. 이를 뇌인지과학에서는 '하향식 편향 신호top-down bias signal'라고 부릅니다. 뇌의 정보처리 위계질서 상에서 높은 위치의 영역이 시각적으로 물체를 알아보는 영역에게 "대충 'ㄱ'처럼 구부러진 물체가 보이면 헤어드라이어라고 인식해!"라고 명령을 내린 것이죠. 만약, 누군가 짓궂은 장난을 친다고 헤어드라이어와 비슷하게 생기고 무게도 비슷한 전동드릴을 헤어드라이어가 있는 자리에 놔두었다 할지라도 우리 뇌는 아무런 주저함 없이 전동드릴을 들고 머리를 말리는 시늉을 할 것입니다. 그러다 뭔가 이상하다는 것을 느끼는 순간 '어? 이게 뭐지?' 하며 그제야 물체를 아주 자세히 들여다보기 시작하겠죠?

반대로 부엌이라는 맥락에서는 뇌가 어디서 헤어드라이어를 볼 수 있는지 예측하기 어렵습니다. 그 맥락에 속하는 물체가 아니기 때문이지요. 즉, 뇌가 가지고 있는 부엌이라는 공간적 맥락에 헤어드라이어의 존재는 없습니다. 따라서 부엌에 가서 헤어드라이어를 찾는다고 쓱 보고 돌아다녀도 발견하기 쉽지 않은 것입니다. 맥락적으로 이탈된 곳에서 무언가를 찾을 때는 징검다리를 건널 때 돌 하나하나를 보고 건너듯이 물체 하나하나를 자세히 살펴보는 게 더 효과적입니다. 물론 바쁘게 물건을 찾다 보면 그러기가 쉽지 않은 것도 사실이지요.

❖

맥락이라는 것은 이처럼 무언가를 대충 보고도 빨리 알아보고 행동할 수 있게 만드는 데 필수적인 정보입니다. 맥락 정보는 경험을 통해서, 즉 학습을 통해서 형성됩니다. 일종의 기억이죠. 그래서 '맥락 기억contextual memory'이라는 표현을 쓰기도 합니다. 우리 뇌는 지금의 인공지능처럼 물체의 구석구석을 다 분석하고 있을 시간이 없습니다. 시시각각으로 변화하는 물체와 제자리에 있지 않고 위치를 조금씩 미묘하게 바꾸는 물체처럼 가변적인 대상을 빨리 알아봐야 생존경쟁에서 우위를 점할 수 있기 때문이죠. 지금의 인공지능이 탑재된 컴퓨터는 엄청나게 빠른 속도로 정보처리를 할 수 있습니다. 게다가 에너지, 즉 전력 공급을 무한정으로 받을 수 있기 때문에 하나하나 분석하는 전략이 가능하지만, 뇌는 다릅니다. 그러면 뇌는 어떻게 사물을 빠르게 알아보고 반응할 수 있을까요? 방법은 미리 예측하고 행동하는 것입니다. 이 예측에 필수적인 정보가 바로 맥락 정보입니다.

(4)

맥락 생성자 VS 맥락 소비자

Perfect Guess

'맥락'이라는 단어가 실제로 일상 대화에 등장하는 경우도 있습니다. 이는 '맥락에 맞지 않는 이야기'라거나 '맥락을 잘 읽는다'와 같은 표현으로 잘 나타납니다. 특히 뉴스에서 자주 등장하는데, 대개의 경우 정치인이나 유명인사가 한 말의 일부분만 뉴스 매체에 보도되면서 오해를 낳을 때 이를 해명하기 위해 쓰입니다.

⁘

2016년 3월, 미국 민주당 내 대통령 후보 경선을 위한 선거 캠페인이 한창이던 때를 예로 들어 보겠습니다. 미국의 유명 정치인이자 국무장관을 지낸 바 있는 힐러리 클린턴은 뜻하지 않은 언론 보도로 곤혹스러운 경험을 하게 되었습니다. 그리고, 이 사건은 힐러리 클린턴이 훗날 자신의 회고록 『무슨 일이 있었나What Happened』에서 밝힌 대통령 선거의 주된 패인 여섯 가지 중 하나로 꼽을 정도로 선거에 치명적이었습니다.

사건의 전말은 이렇습니다. 힐러리 클린턴 후보는 미국 웨스트버지니아West Virginia주에서 있었던 주민들과의 타운홀Town hall 미팅에서 "자신의 소중한 한 표를 공화당 후보에게 행사하던 노동자 계층의 사람이 있다면, 그 사람의 표를 민주당으로 돌리기 위해 무엇을 할 수 있습니까?"라는 질문을 받았습니다. 언론에서는 이 질문에 대한 답변의 일부만을 자극적으로 보도했습니다. 바로 "앞으로 많은 광부가 일자리를 잃을 것이고 채광 기업들도 폐업을 면치 못할 것입니다"라는 부분입니다. 뉴스에서 이 내용만을 접한 사람들 중 채광업이 주된 산업인 지역의 주민들, 특히 광부들과 그 가족들이 거세게 항의하는 대소동이 벌어졌지요. 한 표를 더 끌어와도 모자랄 판에 도대체 힐러리 클린턴은 왜 이렇게 표 떨어지는 말을 해서 화를 자초했을까요?

사실 미국 대통령을 지낸 남편 빌 클린턴과 마찬가지로 힐러리 클린턴은 정말 능수능란한 정치인입니다. 과연 이런 베테랑이 아무 생각 없이 특정 집단의 표를 통째로 잃어버릴 만한 말을 했을까요? 그렇지 않습니다. 답변의 앞뒤에 있는 말들을 살펴보면 그녀가 의도했던 바는 오히려 광부들과 가족들을 도와주자는 의미였음을 알 수 있습니다. 클린턴 후보는 질문에 다음과 같이 답변했습니다. "도널드 트럼프 후보처럼 사람들 사이를 이간질하는 대신, 우리는 정치적 혜택을 받지 못하는 소외된 계층의 사람들에게 일자리와 기회를 제공할 수 있는 정책을 펴야 합니다. 예를 들면, 앞으로 많은 광부가 일자리를 잃을 것이고 채광 기업들도 폐업을 면치 못할 것입니다. 그러나, 이들에게 환경 오염 걱정이 없는 재생에너지라는 새로운 경제적 기회를 부여하려고 노력하는 후보는 제가 유일합니다." 지구 온난화 문제와 환경 오염 등으로 광산업은 한계를 지니고 있지만, 한평생 광산업에 종사하던 사람들을 어떻게든 도와야 한다는 점에서 이들에게 새로운 대체 산업, 즉 재생에너지 생산과 관련된 산업으로 전환할 기회를 주어야 한다는 점을 강조하고 싶었던 것이죠. 광부들이 일자리를 잃게 될 것이라는 표현 앞뒤의 중요한 문장들, 즉 '맥락'을 전달하지 않고 실업자가 될 것이라는 내용만 반복적이고 자극적으로 보도되면서 마치 힐러리 클린턴이 광산업을 없애려고 하는 것처럼 오해를 산 것입니다. 전체 맥락을 모르는 상태에서 누군가의 말을 듣고 흥분하고 오해한다는 것이 얼마나 위험한 일인지 잘 보여 주는 예입니다.

✣

힐러리 클린턴의 사례는 미국 정치에서 있었던 예이지만 우리나라에서도 이런 일을 종종 접할 수 있습니다. 유명 정치인이나 연예인의 특정 발언이 그것이 나온 배경 혹은 맥락과 함께 전달되지 않으면서 문제가 되는 경우입니다. 이뿐만 아니라 방송에서 흔히 말하는 '악마의 편집'도 마찬가지입니다. 이 표현은 특정 장면이나 대화 내용을 방송에 내보낼 때 편집 과정에서 앞뒤에 벌어진 일과의 연관성을 다 끊어 버리고 내보내는 경우를 포함하는데, 이럴 경우 실제 벌어진 일과 다른 오해를 불러일으킬 수 있습니다. 특히 예능 프로그램이나 오디션 프로그램 등의 방송사 간 경쟁이 심해지면서, 예고편 등을 내보낼 때 마치 뭔가 대단한 일이 일어날 것처럼 편집해서 보여 주는 경우를 많이 보게 됩니다. 막상 본방송을 보면서 앞뒤 정황과 맥락 정보를 알고 그 장면을 보면 그렇게 놀랄 내용도 아닌데 말이죠. 아마도 이런 방송을 만드는 방송인들은 뇌가 맥락에서 떨어진 정보를 어떻게 오해할 수 있는지, 그러한 상황을 방송적 기교로 어떻게 인위적으로 만들 수 있는지 아주 잘 알고 있는 것 같습니다. 맥락을 만들고 싶은 자와 실제 맥락을 파악하려는 자들 간의 치열한 두뇌 싸움이라고 볼 수도 있지 않을까요?

(5)

눈치 빠른 사람과 느린 사람의 뇌 차이

Perfect Guess

흔히 '분위기 파악 못 한다'라는 표현을 자주 씁니다. 눈치가 없다는 말도 비슷한 상황을 가리키기 위해 쓰일 때가 있습니다. 분위기를 파악하지 못한다거나 눈치가 없다는 것은 여럿이 같이 있는 상황에서 사람들 간에 형성되는 '사회적 맥락social context'을 잘 감지하지 못한다는 뜻이지요. 예를 들어, 회사라는 곳을 생각해 봅시다. 회사에서 큰 계약 건을 놓쳐 사무실 사람들 대부분이 침울한 표정을 하고 있는 장면을 떠올려 보세요. 이 사무실에 누군가 다른 회사의 직원이 방문했습니다. 그 직원은 사람들의 표정이나 말하는 태도 등을 보고 느끼고 경험하는 즉시 뭐라고 콕 짚어서 얘기하기는 어렵지만 자신이 농담을 던지거나 크게 웃거나 해서는 안 되는 '분위기'라는 것을 느낄 수 있습니다. 그러면 그 분위기에 맞게 눈치껏 볼일만 보고 사람들과 잡담하거나 친목을 도모하는 행동은 다음 기회로 미루겠지요. 하지만 눈치가 없는 사람은 그런 분위기를 파악하는 데 다른 사람들보다 둔감합니다. 어느 조직에 가더라도 이렇게 눈치가 없는 사람이 있는데, 이는 사회적 맥락을 뇌가 잘 처리하지 못하기 때문이라고 할 수 있습니다.

TV에서도 이런 장면들을 종종 볼 수 있습니다. MBC의 〈무한도전〉이라는 인기 예능 프로그램이 있었습니다. 2013년 이 프로그램의 329회 방송에서 일제강점기에 우리나라의 독립운동을 하신 분들을 특집으로 다뤘습니다. 아이돌 가수들이 나와서 학생처럼 앉아 있고 유재석 씨를 비롯한 〈무한도전〉 멤버들이 마치 학교 교실 같은 스튜디오 세트에서 안중근 의사와 유관순 열사 등 순국 애국자들에 대해 수업하는 코너였습니다. 이 땅의 독립을 위해 목숨을 바친 분들에 대해 알아보는 코너였으므로 진중하고 엄숙한 분위기를 유지하려고 모두가 애쓰는 모습이 역력했습니다. 하지만, 수업 중간에 하하 씨와 유재석 씨가 유관순 열사가 일본 재판관과 대화하는 장면을 흉내 내는 장면이 있었습니다. 여기서 유재석 씨가 일본 재판관에게 "여긴 내 나라다!"라고 말하는 유관순 열사를 흉내 내다 혀가 좀 꼬여 평소 같으면 웃음이 나올 만한 장면이 연출되었습니다. 아니나 다를까 학생 역할을 하며 앉아 있던 아이돌 중 몇 명이 웃음을 보였습니다. 방송을 보면 이때 유재석 씨가 아주 작은 목소리로 "웃지마"라고 나지막이 아이돌을 향해 속삭입니다. 유심히 보지 않으면 일반 시청자들은 알아채지 못하고 그냥 넘어갈 수 있는 장면입니다. 그런데 유재석 씨는 왜 이런 말을 했을까요? "웃지마"라는 말에는 아마도 '지금 순국열사에 대해 이야기하고 있는 엄숙한 장면이니까 분위기 파악하고 사회적 맥락에 맞게 행동하자. 여기서 너희들이 웃으면 유관순 열사를 희화화하는 것이 되어 버려서 안 되니까 웃음을 자제하자'라는 의미가 담겼을 것입니다. 같은 자극을 보고 듣더라도 그 자극을 보고 듣는 맥락이 무엇인가에 따라 완전히 다른 반응, 즉 평소 같으면 깔깔거리고 웃는 리액션이 정답이지만 지금 상황에서는 엄숙한 표정으로 이야기를 들어야 하고 웃음이 나오더라도 억제하는 행동이 더 정답에 가까운 뇌의 반응이 되는 것입니다.

외국의 예를 한번 들어 볼까요? 코로나바이러스로 인한 팬데믹 동안 사회적 맥락에 어긋나는 말, 즉 분위기 파악 못 하는 말

로 물의를 빚은 유명 인사와 연예인에 대한 기사를 많이 보셨을 겁니다. 예를 들면, 유명한 팝가수인 마돈나는 코로나바이러스가 부자와 가난한 사람들을 차별하지 않고 똑같이 감염시켜 매우 공평하다는 말을 한 영상을 인터넷에 올렸다가 논란이 된 적이 있습니다. 또, 미국의 방송인 클로에 카다시안Khloe Kardashian은 가족끼리 화장지를 가지고 장난치는 영상을 올려 문제가 되었습니다. 팬데믹으로 인한 공포로 사재기가 일어나서 미국에 한창 화장지가 모자란 상황이었기 때문이죠. 배우 바네사 허진스Vanessa Hudgens는 사람은 어차피 죽기 때문에 바이러스로 사람이 죽는 상황이 대수롭지 않다는 식의 말을 했다가 곤혹을 치렀습니다.

이렇게 분위기 파악 못 하는 사람들의 언행을 보면 고개를 갸우뚱하는 게 정상입니다. 그리고 일반인들이 고개를 갸우뚱한다는 말은 곧 특정 상황이나 분위기, 즉 특정 맥락적 기준에서 볼 때 사람들 대부분에게 해당 맥락에 적합한 말이나 행동에 대한 기준이 있음을 의미합니다. 우리가 일상생활 속에서 접하는 뇌의 맥락적 정보처리는 특정 사물이나 장소를 알아보는 일에 국한된 것이 아니고, 이처럼 여러 사람이 만들어 내는 사회적 상황이나 분위기를 포함하는 거대한 맥락일 수도 있습니다.

(6)

뇌의 가능성과 한계를 알아야 하는 이유

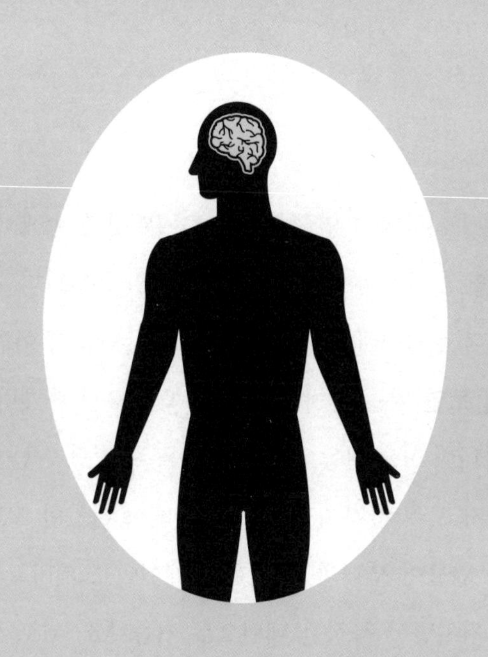

Perfect Guess

지금까지 앞에서 든 예들은 생활 속에서 찾을 수 있는 그야말로 거의 무한한 사례 중 일부일 뿐입니다. 우리가 뇌의 맥락적 정보처리에 얼마나 많은 영향을 받는지 이해할 수 있지요. 어찌 보면 뇌는 마치 뜨개질에 꼭 필요한 뜨개바늘이라고 볼 수 있습니다. 뜨개질을 잘하는 사람을 보면 단지 한 쌍의 뜨개바늘만 가지고 여러 가지 털실을 조합해서 다양한 모양의 옷과 모자 등을 만들어 냅니다. 평범한 뜨개실이 뜨개바늘의 현란한 움직임을 거치면서 특정한 패턴으로 거듭나죠. 뇌로 말하면 뜨개질의 재료가 되는 뜨개실은 우리의 눈, 코, 입, 귀와 같은 감각기관을 통해서 뇌로 공급되는 감각 및 지각 정보일 것 같습니다. 그리고 외부 세계에서 들어온 이 정보를 알아보고 의미 있는 패턴으로 만들어 내는 뇌의 영역들은 뜨개바늘의 역할을 하며, 맥락이라는 패턴을 만들어 냅니다. 이렇게 만들어진 맥락은 이후 우리가 같은 뜨개실을 받게 되면 그 뜨개실을 사용해서 어떻게 작업할 수 있는지 알려 주는 정보처리의 가이드 같은 역할을 합니다.

이처럼 맥락 정보 없이는 뇌가 외부환경에 존재하는 정보를 효과적으로 처리하기 어렵고 빠르게 대응하기도 어렵습니다. 아기가 태어나는 순간부터(어쩌면 태어나기 전 엄마 배 속에서부터) 뇌의 절체절명의 과제는 이 세상을 빠르게 이해하고 그 안에서 벌어지는 일을 빠르고 정확하게 해석하고 대응할 수 있는 '맥락'을 학습하는 것입니다. 인간은 아프리카 초원의 치타처럼 빠르게 달리지도 못하고 원숭이처럼 나무 위로 대피해서 위험한 동물로부터 피할 수도 없으며 새처럼 날 수도 없는 존재입니다. 신체적으로 보면 그야말로 자연계에서 가장 허약한 존재라고 볼 수 있죠. 이런 허약한 존재가 모든 생명체의 위계에서 가장 상위에 존재하는 이유는 맥락적 정보처리 능력이 가장 뛰어나고 매우 복잡한 맥락도 효과적으로 학습하고 활용할 수 있는 뇌를 소유하고 있기 때문일 것입니다. 앞에서 시간적 맥락과 공간적 맥락을 설명했습니다만 인간의 뇌는 특히 시간적 맥락의 학습에 탁월합니다. 인간의 뇌가 다루는 거대한 시간적 맥락 정보는 다른 동물에 비해 훨씬 더 오래된 기억을 가져와 현재의 행동에 영향을 미칠 수 있게 해줍니다. 더불어 인간의 뇌는 다른 동물에 비해 훨씬 더 미래의 일들을 예측하고 대비할 수 있게 함으로써 생존경쟁이 벌어질 때 다른 동물에 비해 미리 대비하고 준비할 수 있게 해줍니다.

✣

하지만 이처럼 강력한 뇌의 정보처리의 비법인 맥락적 정보처리는 인간이 잘못된 사고와 행동을 하도록 만드는 약점으로 작용할 때도 많습니다. 즉, 뇌의 맥락적 정보처리는 인간의 최대 강점이자 최대의 약점입니다. 맥락 파악이 잘못되거나 맥락을 학습하는 데 실패하면 뇌는 정보를 엉뚱하게 처리하게 되고 이상한 행동이 나오게 되는 것이지요. 게다가 요즘처럼 생성형 인공지능과 SNS에 의해 의도되었건 의도되지 않았건 잘못된 정보가 맥락을 형성하는 일이 쉬워진 세상에서는 인위적으로 형성된 맥락이 개인과 집단의 인지에 영향을 미치는 것이 너무도 쉬워졌습니다. 이로 인해 맥락적 정보처리가 더욱 인간의 약점으로 부각됩니다. 눈앞에 놓인 헤어드라이어를 부엌에서는 절대로 쉽게 인식할 수 없는 우리 뇌의 정보처리 방식 때문에 결정적인 순간에 중요한 판단을 이상한 방향으로 내릴지도 모른다는 것은 생각만 해도 무서운 일입니다. 더군다나 그 중요한 판단이 전쟁이나 범죄와 같이 인간의 생명과 존엄을 해치는 결과로 나타난다면 중대한 문제입니다.

✣

이 책에서는 뇌의 정보처리의 핵심이라고 할 수 있는 맥락적 정보처리가 거의 모든 정보처리 단계마다 이루어진다는 점을 설명하고자 합니다. 책을 읽고 난 뒤에는 우리 뇌의 구석구석에서 맥락적 정보처리라는 뜨개질이 이루어지고 있고, 이 뜨개질로 만들어진 맥락은 개인차가 있다는 것을 알게 될 것입니다. 저마다 자신만의 뜨개질로 만들어진 맥락을 가지고 세상을 이해하고 나름대로 판단을 내리고 행동한다는 것 또한 책을 읽고 나면 쉽게 알 수 있을 것입니다. 나를 알고 적을 알면 전쟁에서 백번 싸워 백번을 다 이길 수 있다는 말이 있죠? 맥락적 뇌를 알고, 끊임없이 변화하는 외부 환경과 맥락적 뇌가 어떤 식으로 상호작용하면서 우리의 삶을 이어 나가는지 과학적으로 이해한다면 '맥락적 나'는 더 이상 약점이 아닐 것입니다. 오히려 강점이 될 수 있습니다.

2부

맥락적 추론은 어떻게 삶의 문제를 해결하는가

(7)

감각에서 지각으로, 우리가 세상을 이해하는 방법

Perfect Guess

우리 뇌는 실로 많은 것을 보고, 듣고, 냄새 맡고, 만지고, 느끼고, 맛봅니다. 태어나면서 죽을 때까지 뇌는 우리 몸 내외부에서 오는 자극들을 쉬지 않고 처리하면서 '이게 무슨 의미일까?'라는 질문에 대답하기 위해 애씁니다. 한번 주변을 살펴보세요. 지금 눈앞에 무엇이 보이나요? 정말 많은 시각 자극 정보가 눈을 통해 뇌에 공급되고 있다는 것을 알 수 있습니다. 일요일 밤 방에 앉아서 이 글을 쓰고 있는 제게는 컴퓨터 모니터에 보이는 여러 가지 시각 정보와 책상 위에 놓인 물컵, 핸드폰, 컴퓨터의 마우스, 키보드 등이 보입니다. 컴퓨터 화면 뒤에는 벽에 걸린 기타도 보이고 방을 비추고 있는 스탠드의 불빛과 그 불빛에 반사된 연초록색 벽지가 보입니다. 그리고 창밖에서 내리는 빗소리와 비 오는 거리를 달리는 자동차의 소리도 희미하게 들립니다. 거실에서는 TV에서 나오는 알아들을 수 없는 사람의 말소리가 들립니다. 비 오는 날답게 약간은 축축한 공기의 습기를 머금은 냄새가 나는 것 같습니다.

이처럼 우리 뇌는 환경 속에 존재하는 물리적 자극을 받고 그 자극에 의미를 부여하는 기능을 매 순간 수행하는데 이를 지각perception이라고 합니다. 감각sensation이라는 말은 아마 익숙할 텐데 지각이라는 단어는 일상에서 흔히 쓰이지 않아서 낯설게 들릴 수 있습니다. 그럼 감각과 지각은 어떻게 다를까요?

감각과 지각의 차이를 알아보기 전에 일단 물리적 자극이 어떻게 우리의 뇌로 진입하는지부터 알아봐야 합니다. 시각을 예로 들까요? 시각의 기본 재료는 빛입니다. 우리가 흔히 '빛'이라고 부르는 것은 물리학에서는 '광자photon'를 지칭한다고 볼 수 있습니다. 여기에서는 익숙한 용어인 빛이라는 단어를 쓰겠습니다. 우리 주변의 물리적 세계에는 빛의 향연이 펼쳐지고 있다고 보면 됩니다. 빛이 여기저기로 돌아다니다가 그 빛의 진행을 가로막는 어떤 물체에 부딪히게 되겠죠? 빛은 사실 전자기파electromagnetic wave이기 때문에 매우 다양한 주파수 혹은 진동수를 갖는 파장의 합으로 구성되어 있습니다. 빛을 프리즘에 통과시키거나 비 온 뒤 하늘에 무지개가 뜨면 빛을 구성하는 몇 가지 파장들을 서로 다른 색으로 볼 수 있는 것도 이러한 성질 때문입니다. 앞에서 빛이 어떤 물체에 부딪힌다고 했는데, 이때 빛을 구성하는 일부 파장은 물체에 흡수되어 버리지만 다른 파장들은 물체에 의해서 반사됩니다. 우리 뇌가 물체를 시각적으로 알아볼 수 있는 것은 바로 이처럼 물체에 의해서 반사되는 파장들을 감각하는 데서 시작됩니다. 쉽게 말하면 세상의 모든 물체가 빛을 흡수해 버리기만 하고 어떠한 파장도 전혀 반사하지 않는다면 우리는 당장 아무것도 볼 수 없게 되지요.

✣

그러면 물체가 반사한 파장들은 우리 뇌에서 어떻게 정보로 쓰일까요? 사실 우리 뇌가 볼 수 있는 빛의 파장은 극히 제한되어 있습니다. 이를 흔히 '가시광선'이라고 부르죠. 가시광선은 우리가 볼 수 있는 범위의 파장을 일컫는 용어입니다. 우리 뇌는 대개 400~700나노미터 파장대의 빛을 볼 수 있고 파장대가 어느 범위인가에 따라서 다른 색으로 보게 됩니다. 우리 눈의 뒤쪽에는 이러한 빛의 특정 파장에 자극되었을 때 활동하는 세포들이 아주 얇은 카펫처럼 생긴 막 위에 가득 배열되어 있습니다. 이 막을 망막retina이라고 부릅니다. 망막에 있는 세포들은 뇌의 시각 정보처리를 담당하는 영역들에 직접 정보를 전달하는 경우도 있기 때문에 사실 뇌세포에 해당한다고 볼 수 있습니다. 전자기파에 해당하는 엄청나게 많은 빛의 입자가 망막에 있는 수많은 세포를 자극하면 망막에 있는 이 세포들의 전기적 활동 패턴은 일차적으로 뇌의 시상thalamus이라는 영역의 특정 하위 영역인 외측슬상핵lateral geniculate nucleus이라는 영역으로 전달됩니다. 망막에 있는 세포들이 신호를 전달하기 위해 사용하는 신경섬유 다발들은 흔히 우리가 알고 있는 전기 케이블처럼 생겼는데, 놀랍게도 이 케이블들이 모두 망막상의 하나의 지점을 통해 눈의 뒤쪽으로 빠져나갑니다. 또 흥미로운 것은 이 케이블이 빠져나가는 지점에는 빛을 감지하는 세포가 전혀 없다는 사실입니다. 이 지점을 맹점blind spot이라고 부릅니다. 맹점에는 빛 수용체에 해당하는 세포가 없는데도 우리는 시각에서 마치 몇 개의 픽셀이 고장 난 모니터처럼 까맣게 아무것도 보이지 않는 부분을 알아챌 수 없습니다. 희한하지요? 바깥세상이 모두 온전히 망막 위에 감지되는 것처럼 보이는 것은, 우리 뇌가 이 맹점에 해당하는 부분을 그 주변 세포의 정보를 가지고 메꿔 주기 때문입니다. 즉, 맥락적으로 추론해서 커버해 주는 것이죠.

망막에서 시상에 도달한 정보는 1차 시각피질로 다시 전달되는데, 이 정보 전달 과정을 '감각'이라고 부릅니다. 1차 시각피질에 있는 뇌세포의 주된 임무는 망막을 통해 전달된 세포들의 활동 패턴을 받아서 최초에 그 패턴을 만들어 냈던 외부 세계의 물체의 외관을 재구성하는 것입니다. 뇌의 1차 시각피질에 있는 세포들이 '사과'를 직접 알아볼 수는 없습니다. 그보다는 일단 망막에서 접수된 광자극들을 통해 특정한 패턴들, 예를 들면 사과라는 물체에 담긴 색깔에 대한 정보를 비롯하여 둥근 모서리와 같은 형상shape에 대한 정보, 움직임에 대한 정보, 기울어진 정도에 대한 정보 등 사물을 알아보기 위해 필요한 기본 정보를 파악합니다. 즉, 내 앞에 놓인 하나의 '사과'가 반사한 빛의 파장들이 내 눈의 망막에 있는 세포들에 일정한 패턴의 활동을 일으키게 되고 이 패턴들이 시상과 1차 시각피질의 세포들을 자극하는데, 이러한 기본적인 계산 과정을 거쳐야 비로소 나의 뇌는 둥그렇고 빨간색의 물체가 눈앞에 있음을 알게 됩니다. '둥그렇고 빨간색의 물체'라고 표현하고 '사과'라고 부르지 않는 이유는 이 단계까지는 뇌가 아직 이 물체가 '사과'인지 무엇인지 알지 못하기 때문입니다. 즉, 감각은 했지만 지각은 하지 못했다고 볼 수 있습니다. 이 물체가 사과라는 물체이고 내가 먹을 수 있는 물체라고 알아보게 되면 비로소 지각이 이루어졌다고 할 수 있습니다. 이를 '시지각visual perception'이라고 부릅니다. 그리고 이렇게 지각을 하는 과정에서 그 물체가 놓여 있는 장소와 상황, 주변의 물체 등의 맥락 정보는 해당 물체를 쉽게 알아보게 하는 데 매우 중요한 역할을 합니다. 뒤에서 다시 자세히 이야기하겠습니다.

❖

뇌가 시각정보를 감각하는 예를 보면 아시겠지만, 감각은 물리적인 세계에 존재하는 에너지를 뇌가 이해할 수 있는 세포의 전기적 신호로 바꾸는 아주 기초적이고 중요한 단계입니다. 요리로 말하면 요리의 재료를 시장에서 산 뒤 모아서 요리사에게 전달해 주는 단계라고 할까요? 요리의 재료가 없으면 요리사가 요리 자체를 할 수 없겠죠? 그리고 이렇게 물리적 에너지를 세포의 전기적 에너지로 바꾸는 과정을 수행하는 우리 몸의 기관을 우리는 감각기관sensory organ이라고 부르죠. 눈, 코, 귀, 입, 피부 등은 모두 감각기관에 해당합니다.

눈이 빛 에너지를 세포의 전기신호로 바꿔서 뇌에 전달하는 역할을 한다면, 귀는 음파soundwave라고 부르는 공기의 파동을 세포가 이해할 수 있는 전기신호로 바꿔서 뇌에 전달합니다. 이렇게 해서 특정한 음들이 감지되면 우리는 이것을 '청각'이라는 감각의 일종으로 묘사합니다. 빛이 물체에 반사되면 그 반사된 빛을 가지고 무언가 의미를 찾으려는 시각 시스템과 달리 청각 시스템은 물체가 직접 만들어 내는 공기의 떨림 정보를 가지고 의미를 찾으려 한다는 점에서 대상과 좀 더 직접적으로 소통하고 있는 느낌이 듭니다. 빛의 파동 에너지가 전기적 신호로 변환되는 곳이 눈의 망막에 있는 세포들에 의해서라면, 공기의 파동 에너지가 전기적 신호로 변환되는 곳은 귓속에 있는 '와우cochlea', 소위 말하는 '달팽이관'입니다. 와우는 액체로 차 있습니다. 이 액체가 공기의 파동 주파수에 따라 출렁거리면서 마치 피아노의 건반처럼 배열된 청각세포들 중 해당 주파수의 청각세포를 자극하면 해당 청각세포의 전기적 활동이 뇌로 전달되게 됩니다. 그러면 비로소 우리 뇌는 외부 세계에서 지금 어떤 음이 발생하고 있다는 것을 '감각'하게 됩니다. 시각과 마찬가지로 청각 역시 엄청나게 많은 음이 상당히 복잡한 조합의 전기신호 패턴으로 뇌에 공급되면 이 복잡한 패턴이 무엇을 의미하는지 뇌가 알아내야 하지요. 이 과정을 '청지각auditory perception'이라고 부릅니다. 시지각과 마찬가지로 청지각 역시 무수히 많은 음파의 패턴을 뇌가 지각하기 위해서는 맥락 정보의 역할이 절대적입니다. 아주 시끄러운 곳에서 스마트폰의 인공지능 비서에게 말로 질문하면 "잘 알아듣지 못했어요"라는 대답을 들을 수 있죠? 아직 인공지능 기술은 공기 중에 떠돌아다니는 매우 복잡한 음파의 패턴을 가지고 우리 뇌만큼 효율적으로 쓸모 있는 정보만을 지각하는 능력이 현저히 떨어지기 때문입니다. 아주 시끄러운 경기장에서도 우리는 누군가가 내 이름을 부르면 귀신같이 이를 알아듣고 그 소리가 난 쪽을 돌아봅니다. 여기에는 뇌만의 정보처리 비법이 숨겨져 있는데 이 이야기는 앞으로 더 자세히 하겠습니다.

✣

시각과 청각 이외의 다른 감각 및 지각도 비슷한 원리로 작동합니다. 냄새를 맡는 냄새 감각, 즉 후각olfactory sensation도 비슷한 원리로 작동하고, 무언가를 만졌을 때의 감각인 촉각tactile sensation 역시 비슷한 원리입니다. 다른 점이 있다면, 시각을 위해 존재하는 망막의 세포들과 청각을 위해 존재하는 와우의 세포들이 각각 다루는 물리적 자극의 속성이 다르기 때문에 해당 물리적 속성에 맞는 형태를 띠고 있듯이 후각을 담당하는 콧속의 후각세포와 촉각을 담당하는 촉각세포도 모두 자신들이 전기적 신호로 변환해야 하는 물리적 자극의 속성에 맞는 형태를 띠고 있다는 사실입니다. 그 모양과 작동 원리는 다를지라도 이 모든 감각세포의 첫째 임무는 빛, 소리, 냄새 등의 물리적 에너지를 뇌가 이해하는 전기적 신호로 변환하는 것입니다. 이처럼 신호의 성질 자체를 바꾸는 과정을 '변환transduction'이라고 부르고 감각기관들이 각각의 감각기관이 다루는 물리적 에너지의 속성에 맞게 자극을 신호로 변환하는 것을 '감각 변환sensory transduction'이라고 합니다.

뇌가 바깥세상에 무엇이 존재하는지 알아채기까지 여러 장애물을 넘어야 하는데 제1의 장애물이 바로 감각 변환입니다. 감각 변환이 제대로 이루어져 바깥세상의 물리적 자극들이 내는 복잡한 패턴이 뇌에 전달되었다고 하더라도, 이 패턴들이 무엇을 의미하는지 분석해야 하지요. 이 과정은 뇌가 지각을 하기 위해 넘어야 하는 제2의 장애물입니다. 내 앞에 있는 물체가 사과인지, 내가 듣고 있는 소리가 엄마의 목소리인지, 내가 맡고 있는 냄새가 파스타 냄새인지 등 지금 감각하고 있는 패턴에 무슨 의미가 있는지 즉각적이고 효과적으로 매 순간 알아내서 다음 정보처리 단계로 넘겨주어야 합니다. 이 과정이 너무 늦거나 잘못 이루어지는 경우 나타날 수 있는 문제들은 불을 보듯 뻔합니다. 앞에 있는 사과를 돌멩이로 지각하여 바닥에 버린다거나, 엄마의 목소리를 자신과 상관없는 낯선 사람의 목소리로 지각해서 대꾸를 안 한다거나, 파스타 냄새를 역한 쓰레기 냄새로 지각하여 구토한다거나 할 경우 내 옆의 사람들이 당연히 나를 이상한 사람으로 보겠죠? 즉, 뇌의 지각이 잘못 이루어지면 이에 바탕을 두고 나타나는 이후의 정보처리와 그 결과로 나타나는 행동은 모두 이상해집니다. 요리의 재료로 비유하면 감각기관이 된장찌개를 만들 수 있는 재료를 주었는데, 이 재료들을 가지고 미역국을 끓인 셈이지요. 그러면 당연히 맛이 이상하게 되는 원리와 비슷할 것 같습니다.

(8)

불확실성은 학습된 맥락으로 극복된다

Perfect Guess

초등학교를 들어가기 전 어린 시절부터 초등학교 2학년 때까지 인왕산 밑에 자리 잡은, 소위 문화촌 아파트라고 불리던 동네에서 살았습니다. 인왕산 밑에 있는 동네라서 그랬는지 나무가 많고 잔디밭도 많았습니다. 지금처럼 스마트폰이나 컴퓨터 게임이 없던 시절이어서 그런지 하루 종일 친구들과 밖에서 놀러 다녔고, 해가 지면 엄마가 부르는 소리를 듣고 집으로 향했던 기억도 어렴풋이 납니다. 이미 40년 이상 지난 시절의 기억이라 대부분 희미하거나 기억에서 사라졌지만 그 시절의 몇 가지 장면과 사건에 대한 기억은 뚜렷하게 남아 있습니다.

그중 하나는 풀밭에 누워서 하늘을 멍하니 쳐다보며 구름이 어떻게 생겼는지 감상하던 기억입니다. 아마 여러분도 어렸을 적에 여러분의 부모님이나 유치원 선생님이 "하늘에는 동물원이 있단다. 우리 한번 하늘 속 정원에 있는 동물원에는 어떤 동물들이 사는지 찾아볼까?"라고 놀이를 제안하면, 눈을 들어 하늘의 구름을 보며 "저 구름은 기린처럼 생겼네" 혹은 "저 구름은 낙타처럼 생겼네" 하면서 재밌는 시간을 보냈던 기억이 있으리라 생각합니다. 어린이의 상상력으로 하늘 속에 동물원이 있다고 생각하고 구름과 비슷하게 생긴 동물을 연상해 보면 신기하게도 몇몇 구름은 특정 동물을 쏙 빼닮은 것처럼 보였죠.

'우리 뇌가 어떻게 하늘 위 구름에서 낙타의 형상을 보게 될까?'라는 물음을 던져 본 적이 있나요? 한 가지 분명한 사실은 낙타처럼 생긴 구름을 모두가 낙타라고 바로 알아보기 어려운 경우가 많다는 것입니다. 누구에게는 낙타처럼 보이기도 하지만 다른 사람에게는 전혀 낙타로 보이지 않는 것이지요. 비단 구름을 볼 때만 생기는 일은 아닙니다. 관광지의 바위를 그와 닮았다고 여겨지는 사물이나 동물의 이름을 따서 부르는 것을 잘 알고 계실 겁니다. 충남 서산에 있는 '코끼리 바위'를 비롯하여 지방마다 하나씩 있는 거북이 모양의 '거북 바위' 등 특정 동물의 형상을 하고 있는 바위들을 직접 가서 보면 어떤 바위는 실제로 그 동물처럼 보이지만, 또 어떤 바위는 사실 특정 각도에서 상상력을 더해서 보지 않으면 그 동물을 닮았는지 한눈에 알아차리기 어려운 경우도 많습니다. 주변에서 닮았다고 하니까 닮았나 보다 생각하긴 하는데 사실 내 눈에는 전혀 거북이나 코끼리가 보이지 않을 때는 참 난감하죠. 생각해 보면 구름이나 바위가 실제로 낙타나 코끼리의 모습과 완벽하게 일치할리 없겠죠? 하지만 우리 뇌는 어떻게 코끼리가 하늘 혹은 산에 있을 수 없다는 것을 잘 알면서도 구름이나 바위에서 코끼리의 모습을 보는 걸까요? 이를 설명하기 위한 뇌인지과학적 키워드는 자극의 '애매함ambiguity'입니다.

✣

사실 우리 뇌는 외부 세계의 '애매한' 정보처리를 하는 데 특화되어 있다고 해도 과언이 아닙니다. 앞에서 구름이나 바위의 모양이 코끼리와 완전히 닮지 않아서 애매한 물체인 것처럼 표현했지만, 뇌에 제공되는 시각 정보가 애매한 것은 진짜 코끼리를 볼 때도 마찬가지입니다. 여러분은 아마 생전 처음 보는 각도에서 생전 처음 보는 자세로 서 있거나 걸어가고 있는 코끼리 사진을 보더라도 거의 순간적으로 코끼리라는 사실을 알아볼 것입니다. 그뿐만이 아닙니다. 진짜 코끼리를 보게 된다면 지금의 인공지능 판별 시스템처럼 대상을 면밀히 분석하지 않고도 그냥 코끼리를 알아볼 수 있습니다. 순간적으로 코끼리를 본다는 말은 대충 훑어본다는 뜻이고, 대충 훑어본다는 뜻은 코끼리라는 시각 자극의 모든 면을 다 분석적으로 보지 않는다는 사실을 의미합니다. 실제로 여러분이 무언가 시각적 대상을 알아보고 행동하기 전에 사물을 얼마나 자세히 요리조리 뜯어보고 지각하는지 생각해 본다면 제 말을 이해하실 수 있을 겁니다. 또, 코끼리가 풀숲이나 큰 나무에 가려서 일부만 보일 때도 여러분의 뇌는 코끼리를 알아볼 수 있습니다. 이처럼 애매한 자극을 우리 뇌가 아무 어려움 없이 다룰 수 있는 이유는 맥락적 정보처리가 뇌의 핵심 원리로 작동하고 있기 때문입니다. 맥락적 정보는 망막에 접수된 빛자극만으로는 도저히 코끼리라는 동물을 볼 수 없는 상황에서도 우리 뇌가 코끼리를 볼 수 있게 해주는 '마법사의 주문'과도 같습니다.

이렇게 애매한 상황에서 뇌가 활용하는 맥락 정보는 다양한 출처로부터 나올 수 있습니다. 예를 들어 바위에 가려져 코와 귀만 살짝 보여도 우리가 코끼리를 알아볼 수 있는 것은 우리 뇌의 고등인지 영역이 이미 '아프리카 초원'이라는 공간적인 맥락 정보를 하향식으로 시지각 영역에 주고 있기 때문입니다. 이러한 하향식 정보는 망막에 접수된 후 시상을 거쳐 시각피질로 온 정보가 애매하여 추측해야 하는 상황이나 대상에 대해 자세히 분석할 시간이 없는 급박한 상황에서 정답이 되는 후보군을 상당히 좁혀 주는 역할을 합니다. 우리 뇌는 이미 평생 동안 이루어진 많은 학습을 통해 바깥세상에서 일어날 법한 일들과 상황에 대한 '인지적 모델cognitive model'을 가지고 있고, 이 모델을 동원하여 세상의 애매함을 극복하고 앞으로 벌어질 일들을 예측하여 대비합니다.

그럼 이런 상상을 해보도록 합시다. 아프리카 초원이라는 환경에 대해 전혀 학습되어 있지 않고 코끼리가 어떤 환경에서 주로 서식하는지에 대한 지식이 전혀 없는 사람이 있습니다. 이 사람은 단순히 동물원에서 코끼리를 몇 번 본적이 있어서 특정한 모양을 한 커다란 동물을 코끼리라고 알아볼 수는 있다고 합시다. 이 사람이 우연히 아프리카 초원이 나오는 다큐멘터리를 보다가 자신이 늘 완전한 모양으로 보던 코끼리라는 동물이 큰 바위 뒤에 숨어 코와 귀만 보일 때 과연 '어, 저거 코끼리다'라고 알아볼 수 있을까요? 불가능하지는 않겠지만 쉽지 않을 것입니다. 왜냐하면 시각적 자극의 애매함을 극복하기 위해 동원 가능한 학습된 맥락 정보가 없기 때문입니다. 우리가 흔히 '척 보면 안다'라고 하는 것은 우리 뇌가 이미 맥락적 정보를 가지고 사전에 무엇을 봐야 하는지 후보군을 정해 놓고 있기 때문인 경우가 많습니다. 어떻게 보면 우리는 뇌가 볼 것이라고 예측하는 것을 볼 수 밖에 없다고 할까요? 우리나라의 옛 속담에서 '자라 보고 놀란 가슴, 솥뚜껑 보고 놀란다'고 하죠? 자라에 손을 물려 매우 겁을 먹고 있는 사람이 자라 모양과 비슷한 솥뚜껑을 보고 순간 자라라고 착각하고 놀랐다는 의미입니다. 이 상황 역시 자라라는 공포의 대상이 언제든 나올 수 있는 공간이라는 맥락 정보가 자라 비슷한 것만 보이면 '저기 자라다!'라고 빨리 보고 피하도록 뇌를 준비시켜 놓았기 때문에, 솥뚜껑이라는 시각적으로 애매한 자극도 그렇게 볼 수 밖에 없었던 것이죠. 아마 무슨 이유에서건 자라가 주로 나오는 공간에 솥뚜껑이 놓여 있었다면 거의 십중팔구 자라로 보게 될 것입니다.

✣

심리학 혹은 시지각을 연구하는 뇌인지과학 분야에서는 이처럼 맥락 정보를 이용하여 시각 자극이 주는 애매함을 해소하는 상황을 연출하며 뇌가 어떻게 맥락적 시지각 정보처리를 하는지 연구합니다. 반대로 맥락 정보가 거의 없는 상황에서 애매한 시지각 정보를 뇌에게 주면서 뇌가 우왕좌왕하는 상황을 연출하면서 그때의 뇌의 정보처리에 대해 연구하기도 합니다. 아마 여러분도 한 번쯤 보았을 만한 '시각적 착시visual illusion' 자극을 이용한 연구입니다. 착시란 실제 물리적으로 존재하지 않는 것을 존재하는 것처럼 지각하는 것을 의미합니다. 혹은 물리적으로 존재하는 것과 다르게 시각적으로 왜곡해서 지각하는 것 역시 착시라고 부를 수 있습니다. 아마도 심리학 관련 책이나 유튜브 강연 등에서 무수히 많은 착시의 예를 보셨을 것입니다. 처음 보면 할머니의 얼굴처럼 보이는데 계속 보고 있자니 아름다운 여성의 상반신처럼 보이는 착시를 불러일으키는 그림을 보신 적이 있을 겁니다. 혹은 마치 삼각형의 꼭짓점의 모양처럼 원의 일부를 도려내고 삼각형 모양으로 배치시키면 실제 삼각형을 이루는 선이 없음에도 불구하고 삼각형을 보게 됩니다. 이밖에도 가운데 컵이 보이는데 자세히 들여다보면 양쪽에 사람의 얼굴이 보이는 착시의 예도 있고, 유명한 뮐러-라이어 착시에서 화살표의 가운데 선분의 길이가 물리적으로 같음에도 불구하고 화살촉의 방향이 안으로 향하느냐 밖으로 향하느냐에 따라 길이가 완전히 다르게 보이는 현상도 경험하셨을 것입니다. 이러한 착시 현상의 예를 만들 때 가장 중요한 것이 애매함을 해소할 충분한 맥락 정보를 주지 않는 것입니다. 이런 상황에서는 애매함을 해소할 강력한 정보가 부족하기 때문에 몇 가지 후보 상태를 오가며 뇌가 혼란스러워 하게 되는 것이죠. 물론 대부분 일상생활에서는 애매함을 해소할 맥락 정보가 충분하기 때문에 이런 착시를 경험하기는 쉽지 않습니다.

다시 하늘 위의 구름 이야기로 돌아가서, 애매한 모양의 구름을 특정한 동물이나 사물의 모양으로 보는 상황을 떠올려 보세요. 아마도 혼자서는 어려운 일일 가능성이 높습니다. 대개는 이런 놀이를 할 때 누군가가 옆에서 특정한 구름을 가리키며 "저 구름 낙타를 닮지 않았니?"라고 맥락을 형성해 줍니다. 그러면 나의 뇌는 그 맥락 정보를 가지고 시지각 영역에 '저기 저 애매한 시각자극을 어떻게든 낙타로 해석해!'라고 명령을 내리게 됩니다. 그러면 신기하게도 처음에 그냥 볼 때는 전혀 낙타처럼 보이지 않았던 구름이 낙타처럼 보이게 됩니다. 아마 미술관에 가서 현대 미술 작품을 감상하실 때도 비슷한 경험이 있으리라 생각됩니다. 도대체 무엇을 그려 놓은 것인지 알 수 없는 작품 앞에서 우리 뇌가 어떻게든 지각적 해석을 하기 위해 노력하고 있을 때 옆에 작품에 대해 아주 많이 아는 누군가가 와서 그 작품을 그린 화가의 의도와 작품이 무엇을 형상화한 것인지에 대해 설명하면 그것을 듣는 순간 '아하!' 하고 마치 하늘 위의 구름을 낙타로 보게 되는 것과 비슷한 경험을 하게 됩니다. 이때 내 옆에 있던 그 사람은 나에게 맥락 정보를 선사한 것입니다.

(9)

독특한 경험적 맥락이 나만의 개성을 만든다

Perfect Guess

제가 대학의 학부 과정과 대학원 과정에 다닐 때만 해도 거의 모든 교과서에서 뇌가 사물을 알아보는 과정인 지각에 대해 설명할 때, 이를 일방향적인 정보처리 과정으로 설명했습니다. 일방향적이라는 것은 마치 일방통행인 길처럼 역방향으로는 정보가 흐르지 않는다는 의미입니다. 즉, 눈의 망막에서 보낸 신호는 뇌의 시상으로 일방향적으로 보내지고 시상에서 계산된 정보는 뇌의 1차 시각피질visual cortex로 보내지고 1차 시각피질에서 계산된 정보는 2차 시각피질로 보내지고 등등 계속해서 한 방향으로만 정보가 흐르고 결국 그 일방향적 정보처리의 끝에는 대상을 드디어 알아보는 단계가 있다는 식입니다. 이를 위계적 정보처리hierarchical information processing라고도 합니다. 하지만 뇌인지과학적 연구가 많이 진행되고 지식 축적이 상당히 이루어진 오늘날에는 절대적인 일방향적 정보처리가 일어나기보다는 정보처리 위계에서 상당히 상위에 있는 영역들도 매우 하위 단계의 뇌세포가 하는 일에 적극적으로 관여하고 영향을 미친다는 점이 아주 잘 알려져 있습니다. 예를 들면, 1차 시각피질에 있는 뇌세포가 상위 영역에서 전달된 정보를 받아서 자신의 정보처리에 활용할 수 있습니다. 이를 상위 영역이 하위 영역에 하향식 편향을 준다고 이야기합니다. 그리고 맥락 정보 역시 하향식 편향을 초래하는 강력한 정보입니다.

제가 학생 때의 교과서에 양방향 정보 교환이 실려 있지 않았던 이유가 있습니다. 대부분의 고전적인 시지각 연구가 마취된 동물을 대상으로 이루어졌고, 하향식 편향 혹은 맥락 정보라고 할 만한 것이 없는 매우 단순한 자극을 이용해 실험이 이루어졌기 때문입니다. 당시의 교과서는 고전적 시지각 실험 결과를 바탕으로 구성되었던 것이지요. 하지만 세월이 흘러 뇌세포의 활동을 측정할 수 있는 기술이 눈부시게 발전했고 이제는 동물을 마취시키지 않은 상태에서 동물이 가상현실virtual reality 공간 등에서 자유롭게 외부 세계와 상호작용하는 상황에서 뇌세포의 활동을 측정할 수 있게 되었습니다. 이처럼 자연스러운 상황에서 뇌세포의 활동을 보니 이전에는 정보처리의 위계상 매우 하위 단계에 있다고 생각했던 시상이나 1차 피질 영역의 뇌세포들이 동물이 해야 하는 과제task나 동물이 보고 있는 전체적인 시각 장면scene, 주의attention를 기울이고 있는 정도, 예측expectation, 맥락 정보 등 여러 가지 인지적 요인의 영향을 매우 크게 받고 있다는 것을 알게 되었습니다. 이것은 우리 뇌가 외부에서 오는 물리적 자극 정보를 곧이곧대로 해석하지 않는다는 뜻입니다. 곧이곧대로 해석하지 않는다기보다는 외부의 자극을 곧이곧대로 해석해서는 우리 뇌가 아무것도 알아볼 수 없고 애매함의 망망대해 속에서 계속 허우적댈 수밖에 없음을 의미합니다. 마치 착시를 불러일으키게 만들어진 그림을 보고 계속 고개를 갸우뚱하는 것처럼 말이죠. 따라서 지각 시스템의 하위 영역인 시상이나 1차 시각피질 등의 영역에 있는 세포들은 상부에서 어떻게 해석해야 하는 상황인지에 대해 무언가 조언해 주길 항상 바라고 있습니다. 그렇지 않으면 자신들이 다루어야 하는 자극이 너무도 애매하고 변화무쌍하기 때문이지요.

✣

애매함을 해소하기 위한 맥락 정보는 정보처리 사다리의 상위 영역에서 오기도 하지만 같은 수준에서도 매우 활발히 일어납니다. 마치 식당에 가서 주문할 때 나와 같이 간 사람들이 주문하는 것이 내가 주문할 음식을 결정하는 데 영향을 미치는 것과 같습니다. 이를 사람들이 잘 경험할 수 있게 된 계기가 2015년에 한창 뉴스화되었던 '흰금파검' 논쟁이었죠. SNS에 올라온 사진 한 장이 만들어 낸 이 논란은 사람들에게 뇌의 희한한 지각적 정보처리에 대해 알 수 있는 좋은 계기를 만들어 주었습니다. 그뿐만 아니라 내가 지각적으로 경험하는 무언가를 다른 사람이 똑같이 경험하는 것은 아니며 상대적이라는 점을 깨닫게 해주었습니다.

논란이 되었던 해당 사진에는 여성의 드레스가 있었는데 이 드레스에는 가로로 줄무늬가 있었습니다. 그런데 이 드레스의 색깔과 드레스에 있는 줄무늬의 색깔이 사람들에게 다르게 보인다는 것이 이슈의 쟁점이었습니다. 같은 사진인데 어떤 사람들은 흰색 바탕에 금색 줄무늬로 보이고(일명 '흰금파'), 또 다른 일련의 사람들에게는 파란색 바탕에 검은색 줄무늬가 있는 것처럼 보였던 것입니다(일명 '파검파'). 흰금파에 속하는 사람은 이 드레스가 파란색이라고 주장하는 사람이 도저히 이해가 안 갔을 터이고, 파검파에 속하는 사람도 아무리 보아도 흰색 드레스에 금색 줄무늬로 보이지 않는다는 것 때문에 당황했습니다. 이러한 시지각적 개인차를 만들어 낸 결정적 요인이 바로 학습된 뇌의 맥락 정보가 개인마다 다르다는 사실입니다.

대개는 이 맥락 정보가 아주 강해서 개인마다 다르게 맥락이 작용할 수 없습니다. 하지만 해당 사진을 유심히 보시면 드레스가 사진의 거의 대부분을 차지하고 드레스 주변 맥락이 거의 보이지 않습니다. 즉, 어떤 맥락에 이 드레스가 있는지가 애매한 것이죠. 맥락이 애매하면 우리 뇌에 착시가 생기기 쉬운 환경이 만들어진다고 앞에서 설명했습니다. 이 흰금파검 논쟁도 일종의 착시현상이라고 볼 수 있습니다. 뇌의 이러한 착시 경험은 아직도 뇌인지과학에서 100퍼센트 정확히 과학적 설명을 할 수는 없지만 대략적으로 이해할 수는 있습니다. 논란이 되었던 사진 속의 드레스는 파란색의 드레스에 검은색의 줄무늬 있는 것이 맞습니다. 적어도 물리적으로는 말이죠. 하지만 일부 사람들에게 하얀색이라는 착시를 일으키는 주된 이유는 이 사진에 나온 파란색과 검은색에 약간 황금빛을 띠는 조명이 비추고 있는 것처럼 보이기 때문입니다. 검은색은 빛을 받아서 사실 브라운 계열의 색처럼 보이기도 하고 파란색도 강한 빛을 반사하고 있어 드레스의 여러 부위의 색이 다 다르게 보일 정도로 매우 애매한 색을 띠고 있습니다. 우리 눈의 망막에는 서로 다른 빛의 파장에 반응하는 세포들이 있는데 이 세포들을 추상세포cone라고 부릅니다. 추상세포들은 크게 우리가 흔히 알고 있는 RGBRed, Green, Blue의 파장, 즉 빨강R, 초록G, 파랑B에 반응하도록 되어 있습니다. 하지만 물리 세계에서 오는 빛의 파장이 늘 절대적인 것이 아니고 얼마나 밝은 환경인지 어두운 환경인지에 따라서 다르고 조명의 색깔에 따라 또 달라지고 하는 등 너무나도 가변적이기 때문에 이러한 빛의 향연에 휘둘리다가는 우리 뇌는 항상성constancy

을 유지하기 어렵습니다. 즉, 사과는 늘 빨간색으로 보여야 하는데 물리적으로 계속 파장이 조금씩 바뀐다고 그때마다 빨간색이었다 아니었다 하면 외부 세계에 대한 신뢰가 무너지면서 뇌는 우왕좌왕하게 될 것입니다. 그래서 조금 다르게 보여도 '웬만하면 사과는 다 빨간색으로 보자'라는 하향식 맥락 정보가 강하게 사과의 색깔 지각을 편향시키게 됩니다. 약간의 물리적인 변화는 무시하라는 상부의 지시가 내려오는 것이죠.

현재 많은 뇌인지과학자들은 흰금파와 파검파를 가르는 결정적인 기준은 바로 상부에서 내려오는 이 지시 때문이라고 믿고 있습니다. 파검파의 뇌의 상위 영역은 '조명이 밝은 맥락에 드레스가 있지만 파란색 드레스에 아주 강한 조명이 비추고 있는 환경이다'라고 하위 영역에 설명을 해주고 있고, 흰금파의 뇌의 상위 영역은 '약한 조명이 흰색 드레스를 비추고 있는 환경이고 파란색처럼 보이는 부분은 사실은 그림자가 진 부분이다'라고 다르게 설명해 줄 가능성이 높습니다. 즉, 하루에도 계속해서 변화하는 햇빛을 비롯한 가변적 조명 밑에서 물체를 알아봐야 하는 시지각 시스템의 맥락적 해석의 차이가 논란의 주된 이유라고 볼 수 있습니다.

그럼 왜 서로 다른 사람의 뇌는 서로 다른 맥락적 해석을 하고 다른 지시를 할까요? 사람마다 빛이 현재 얼마나 비추고 있는지에 대해 감각하고 지각하는 데 차이가 있기 때문일 가능성이 높습니다. 우리 망막에서 빛의 양은 간상체rod라고 불리는 세포에 의해 이루어지는데, 이 간상체의 활성도가 사람마다 같은 상황에서도 다를 수 있습니다. 또, 학습의 효과도 있을 것입니다. 강렬한 조명 밑에서 저런 드레스를 많이 본 경험이 있는 사람의 뇌와 그렇지 않은 사람의 뇌는 같은 상황에 대해 서로 다른 반응을 보일 가능성이 높습니다. 학자들이 망막과 같은 초기 정보처리 단계에서 이러한 해석 차이가 발생하는지 아니면 학습된 기억을 저장하고 있는 상위 인지영역에서 해석 차이가 발생하는지에 대해 논쟁하고 있지만 대개 이런 학술적 논쟁은 뻔한 결론에 도달하는 경우가 많습니다. 즉, 둘 다라는 것이죠. 학문적으로 차차 규명되겠지만, 분명한 것은 앞에서 언급했던 우리 생활 속의 맥락 효과의 예에서 보듯이 자극의 애매함을 정확히 해소해 줄 만한 강력하고 충분한 맥락 정보를 주지 않고 뇌에게 무언가를 해석할 것을 요구하면 뇌는 사람들 사이에 개인차를 만들어 낸다는 사실입니다.

(10)

뇌의 편향으로 범주화되는 세상

Perfect Guess

앞에서 우리의 눈으로 들어오는 정보 중 애매한 부분의 해석을 뇌의 상부의 지시를 통해 해결하는 예를 들었습니다. 이처럼 특정한 맥락을 조성하여 애매한 정보는 모두 그 맥락에 맞추도록 하는 지각적 편향은 시각뿐 아니라 모든 종류의 감각과 지각에서 나타납니다. 우리 귀로 소리를 듣고 해석하는 청지각도 예외는 아닙니다.

연세가 조금 있으신 분들은 기억하실텐데, 1980년대 초반에 MBC의 FM 라디오에 〈2시의 데이트 김기덕입니다〉라는 팝송 전문 프로그램이 있었습니다. 당시에는 인터넷도 없던 시기였기 때문에 아주 많은 사람이 라디오를 통해서 해외의 팝송을 듣는 것을 즐겼습니다. 이 FM 프로그램을 즐겨 들었던 분들은 아마도 이 프로그램에서 처음 소개되었던 소위 '팝 개그'라는 코너를 기억하실 것 같습니다. 박세민이라는 개그맨이 나와서 어떤 이야기를 들려주고 그 이야기에서 나옴 직한 우리말 구절이 특정 팝송에서 나온다고 말해 줍니다. 그리고는 그 팝송을 틀어 주면 정말 신기하게도 영어나 프랑스어 등 외국어로 된 말이라는 것을 뻔히 알고 듣는데도 불구하고 팝송의 가사가 박세민이 말해 준 한국말처럼 들리는 경험을 하게 됩니다. 이 코너를 훗날 박성호라는 개그맨이 〈개그콘서트〉라는 TV 프로그램에서 '뮤직토크'라는 코너로 부활시키기도 했었죠. 예를 들면, 에릭 카먼Erin Carmen이라는 1970년대 미국 가수의 「All by Myself」라는 노래의 일부분을 들려 주기 전에 사람들에게 짧은 에피소드를 한국말로 들려줍니다. 그리고 "이때 여자분이 '오빠 만세'라고 합니다"라는 말과 함께 곧바로 'all by myself'라는 가사가 나오는 부분을 들려줍니다. 그러면 정말 신기하게도 영어를 알아듣건 못 알아듣건 상관없이 해당 영어 구절이 한국말로 '오빠 만세'라고 들립니다. 또, 비지스Bee Gees라는 그룹의 노래 「How Deep Is Your Love」의 가사 중 'the moment that you wander far from me'라는 구절을 듣기 전에 '몸엔 대추 원더풀'이라는 한국말을 반복해서 이야기해 주고 곧바로 팝송의 해당 부분 구절을 들려줍니다. 그러면 마치 비지스가 한국말을 하는 것처럼, 한국말로 몸에 대추가 좋다는 말처럼 들립니다.

팝 개그에서 선보인 현상은 맥락이 타인에 의해서 우리 뇌에 이식될 수도 있다는 사실을 알려 줍니다. 또한 맥락 정보에 의한 하향식 편향이 감각기관으로부터 오는 정보를 얼마나 강하게 통제할 수 있는지 잘 보여 줍니다. 즉, 시지각에 착시가 있다면 청지각에서의 착청auditory illusion을 유발시켰다고 볼 수 있습니다. 대개 이러한 맥락 정보는 각자의 뇌의 경험적 학습의 결과로 일어나지만 개그맨들이 입증한 바와 같이 외부로부터 강력한 맥락 편향 신호가 뇌에 공급되면 우리 뇌는 기꺼이 이 정보를 이용하여 청각 정보를 왜곡해서 해석하게 됩니다. 뇌는 보고 싶은 것을 보고 듣고 싶은 것을 듣는다고 해도 과언이 아닐 것 같습니다.

이미 1950년대 후반에 우리의 청지각이 다른 사람의 말소리를 들을 때 연속적으로 변화하는 음파를 주변 자극이 만들어 내는 맥락 정보를 활용하여 범주화함으로써 특정 소리로 인식한다는 것을 알게 되었고, 음성 지각 연구에서는 이를 '범주적 지각categorical perception'이라고 부르기도 합니다. 예를 들어, '바ba' 소리와 '파pa' 소리가 각각 물리적으로 특정 음파를 띤다고 할 때 실험적으로 두 음파를 점점 더 비슷하게 만들어서 자극으로 제시하더라도 듣는 사람은 '바'와 '파' 사이의 연속된 소리를 전혀 듣지 못하고 '바' 아니면 '파'만을 듣습니다. 즉, 우리 뇌가 연속된 자극을 범주화해 버리는 것입니다.

✣

범주category란 무엇인가요? 시각적으로는 우리가 따뜻한 색과 차가운 색으로 여러 가지 색상을 분류 혹은 범주화할 수 있죠. 또, 사람의 성격을 MBTI와 같은 검사를 통해 특정한 유형으로 범주화하기도 합니다. 마찬가지로 청각적으로도 특정 소리를 듣고 동물 소리, 비행기 소리, 자동차 소리, 바다 소리 등으로 범주화할 수 있습니다. 우리 생활 속의 이러한 예를 잘 들여다보면 범주화categorization라는 것은 연속적이거나 다양한 개별 자극들을 비슷한 속성에 따라 몇 개의 잘 구분되는 집단으로 나누는 것을 의미합니다. 연속적으로 변화하는 것을 구분 지을 수 있는 경계를 만드는 것이죠. 물리적으로 연속되어 있는 지면 위에 서울특별시와 경기도의 경계를 만들고 해당 경계의 안쪽과 바깥쪽의 땅을 각각 서울특별시와 경기도라고 구분해 부르는 것도 범주화에 해당합니다. 우리 뇌는 특히 언어로 대화할 때 끊임없이 맥락적 정보처리와 범주화를 해야만 의사소통을 할 수 있는데, 너무도 자연스럽게 이 과정이 이루어지기 때문에 평소에는 전혀 이를 알아차릴 수 없습니다.

앞에서 우리 뇌의 청지각 시스템이 '바'와 '파'만을 구분해서 듣고 그 사이의 애매한 소리는 '바'로 분류해 버리거나 '파'로 분류해 버리면서 어찌 보면 물리적 자극 속성을 무시해 버리는 경향이 있다고 했습니다. 우리 뇌가 소리를 알아듣기 위해 왜 이런 범주적 지각을 하는가에 대한 이론이 여러 가지 있지만 그중 하나는 우리의 성대와 입을 통해 낼 수 있는 소리가 한정되어 있으며 이 한계는 학습에 의해 결정된다는 이론이었습니다. 하지만 이 이론은 더 이상 힘을 발휘하지 못하게 됩니다. 말을 배우기 전의 어린 아기도 범주적 청지각을 보인다는 증거가 나왔기 때문입니다. 이제는 범주적인 지각을 조금 더 큰 이론적 맥락에서 이해하려는 시도가 뇌인지과학에서 활발히 벌어지고 있습니다. 이때 하향식 맥락 정보에 의한 편향bias이라는 개념이 중요합니다. 왜냐하면 우리 뇌는 특정 상황에 놓이게 되면 그 상황에서 들릴 법한 소리들을 미리 후보로 올리고 그 소리 중 몇 가지를 들을 것이라고 이미 기대하기 때문입니다.

예를 들어, 특정 지방의 사람을 만나면 우리 뇌의 정보처리상 상위 영역은 그 지방 특유의 억양이나 사투리가 들릴 것이라는 예측을 하고 청지각 시스템이 이에 더 민감해지도록 준비시킵니다. 외국어를 배울 때도 이런 맥락 효과를 많이 경험할 수 있습니다. 제가 박사학위 과정을 밟기 위해 미국으로 유학 갔을 때의 일입니다. 저는 중서부 지방에 있는 유타대학교University of Utah의 신경과학Neuroscience 프로그램에 소속되었습니다. 미국의 중부 및 중서부 사람들의 영어는 표준어라고 할 만큼 발음이 또렷하고 중고등학교 영어 듣기평가에서 들을 수 있는 유형의 소리입니다. 게다가 유타주, 특히 유타대학교가 있는 솔트레이크시티Salt Lake City에는 이민자가 많지 않았기 때문에 거의 백인의 영어만을 들을 수 있었습니다. 그래서 처음 미국에 갔을 때는 원어민의 말을 알아듣는 게 그렇게 어렵지 않았습니다. 하지만 박사학위 과정을 마치고 박사후 과정을 하기 위해 텍사스의 휴스턴에 있는 텍사스대학교University of Texas의 의과대학으로 갔더니 이민자가 매우 많았습니다. 텍사스에서는 백인을 많이 마주칠 것 같지만 휴스턴이라는 도시는 다릅니다. 유색인종과 이민자가 아주 많습니다. 그래서 다양한 인종이 하는 영어를 들을 수 있는데 그렇게 독특한 억양과 발음 방식에 처음 노출되면 아주 쉬운 영어도 귀에 잘 들어오질 않습니다. 인도인이 하는 영어, 흑인이 하는 영어, 일본인이 하는 영어, 아랍인이 하는 영어 등은 제각각 아주 독특한 억양과 음 특색을 가지고 있어서 표준 영어에만 익숙한 사람이 알아듣기 정말 어렵습니다. 하지만 우리 뇌의 학습 능력은 실로 놀라워서 1년 정도 지나면 또 그들 나름의 영어에 귀가 적응을 하고 어느 정도 잘 알아듣게 됩니다. 이때는 예를 들어 인도사람을 만나면 뇌의 하향식 맥락 세팅 시스템이 인도사람의 영어를 가장 잘 알아들을 수 있는 상태로 청지각 시스템을 미리 세팅해 놓습니다. 중부지방에서 백인들 사이에서만 지냈던 사람에게는 당연히 이런 학습된 맥락이 없기 때문에 애매한 소리들을 빨리 해석하지 못하겠지요.

(11)

저렴한 와인이 비싼 와인이 되는 맥락의 마법

Perfect Guess

언제부터인가 유튜브에 사람들의 눈을 가리고 콜라와 사이다를 맛보고 구분하게 하는 영상이 많이 올라왔습니다. 대부분 자신이 콜라를 마시고 있는지 사이다를 마시고 있는지 정확히 구별하지 못한다는 것을 재미로 보여 주는 내용이었습니다. 저도 이런 영상을 보면서 '저게 저렇게 구분이 안 될까?'라는 의구심을 품고 있었던 사람입니다. 하지만 직접 경험해 보니 정말 구별하기 어려웠습니다. 가족 모임에서 재미로 눈을 가리고 종이컵에 따라 주는 콜라와 사이다를 마셔 보았던 것입니다. 톡 쏘는 탄산의 맛이 둘 다 비슷하고 특별히 어떤 것이 더 콜라 맛에 가깝다고 확실하게 말하기 어렵더군요. 여러분도 지인들과 모여 있을 때 재미 삼아 해보면 뇌가 혀를 통해서만 맛을 아는 것이 아님을 직접 경험할 수 있습니다.

특히 이런 실험을 할 때는 혀로 감지하는 미각taste sensation 외에 그 어떤 감각 기관도 뇌에 정보를 줄 수 없도록 하면 더 효과가 뛰어납니다. 즉, 눈을 가려서 시각적으로 콜라 캔과 사이다 캔 정보를 얻지 못하게 하거나 콜라의 검은색이나 사이다의 투명한 색상을 보지 못하게 하면 좋겠죠. 그리고 후각적으로도 냄새를 맡을 수 없도록 빨래집게나 손으로 코를 잠시 막고 맛을 보면 뇌는 오로지 혀를 통해서만 바깥세상의 자극(여기서는 콜라 혹은 사이다)을 접할 수 있습니다. 이렇게 되면 시각과 후각으로 동시에 미각 정보가 들어오는 평상시보다 부분적인 정보만 뇌로 들어오기 때문에 뇌는 즉각적으로 애매함을 느끼게 됩니다. 하지만 이를 해소할 수 있는 맥락적 정보가 없는 상황이고 분명한 반응이 요구되는 상황이기 때문에, 마치 시험을 볼 때 모르면 찍듯이 선택할 수 밖에 없는 것이죠.

✣

사실 전문 요리사나 와인 제조업 등 음식 관련 비즈니스에 있는 사람들은 음식의 맛이 여러 가지 감각의 융합적 작용에 의해서 느껴지는 종합 예술이라는 것을 경험적으로 이미 잘 알고 있습니다. 예를 들어 와인을 마실 때 소믈리에가 추천하는 방식은 모든 감각을 다 동원하라는 것입니다. 무조건 잔에 따라서 입에 넣는 것이 아니라 먼저 와인병의 디자인을 시각적으로 감상하고 와인을 잔에 조금 따라서 색깔을 눈으로 감상합니다. 와인의 특성에 따라 색이 조금씩 다르고 시각적 맛을 느낄 수 있습니다. 그런 후에는 코를 와인 잔의 입구에 조금 넣고 어떤 향이 나는지 음미합니다. 그다음에는 와인잔을 한 번 휘저어서 공기와의 접촉을 많이 시킨 후에 다시 그 향을 음미합니다. 후각으로 상당히 많은 정보를 얻을 수 있기 때문에 이 과정이 꽤 긴 편이죠. 그리고 마지막으로 와인을 조금 입에 넣고 혀의 모든 부분에 닿도록 하면서 최종적으로 맛을 음미합니다. 이렇게 되면 우리 몸의 오감이라고 부르는 감각 중 촉각과 청각만 빼고는 시각, 후각, 미각의 세 가지가 다 동원된 셈입니다. 고급 레스토랑에서 유명한 요리사가 내놓는 음식을 먹을 때도 마찬가지 과정을 거칩니다. 시각 다음에 후각, 그리고 마지막으로 미각을 통한 맛 느낌입니다. 꼭 고급 레스토랑에서 와인이나 음식을 먹지 않더라도 인간의 거의 모든 음식 섭취 행동에는 이 세 가지 감각 및 지각 요소가 융합적으로 동원됩니다.

맥락 정보가 음식의 맛에 결정적 역할을 하는 경우는 와인 맛에 대한 평가가 와인의 가격에 따라 매우 달라진다는 예에서도 볼 수 있습니다. 해당 분야의 전문가라면 가격과는 상관없이 와인의 미묘한 맛 차이를 세분화하여 구분할 수 있는 뇌 덕분에 와인을 비교적 정확히 맛으로만 평가할 것입니다. 하지만 어쩌다 와인을 마시는 일반인이라면 사실 맛으로만 좋은 와인을 구별하기는 쉽지 않습니다. 좋은 와인과 그다지 좋지 않은 와인 맛의 경계가 분명하게 나뉘지 않기 때문입니다. 이때 와인의 맛 평가에 결정적인 영향을 미치는 것이 와인의 가격과 제조국의 정보 등 미각 외적인 맥락 정보입니다. 흔히 친목 모임에서 누군가 와인을 가지고 오거나 누군가로부터 와인을 선물 받으면 요즘에는 스마트폰 앱을 통해 가격을 쉽게 확인할 수 있습니다. 해당 와인이 아주 비싼 와인이거나 리뷰평이 좋은 경우 우리 뇌는 이 와인은 고급 와인이고 매우 맛있을 것이라는 맥락 정보를 미지각 영역에 내려 보내서 정보처리의 편향을 유도합니다. 그러면 실제로 매우 고급스럽고 맛있게 느껴지죠. 이는 실험적으로도 이미 밝혀진 사실입니다. 상표를 공개하지 않고 일반인들에게 블라인드 테스트를 하는 경우 비싼 와인과 저렴한 와인을 잘 구분하지 못하는 경우가 많으며, 저렴한 와인도 비싼 와인이라고 말해 주면 와인의 맛을 훨씬 더 높게 평가하는 경우가 많다고 합니다. 이는 우리 뇌가 자극의 애매함을 맥락 정보를 통해 해석하려고 하는 선천적 경향성이 지각적으로 일어나고 있음을 잘 말해 주는 내용입니다.

(**12**)

극도로 애매한 정보는 공포감을 일으킨다

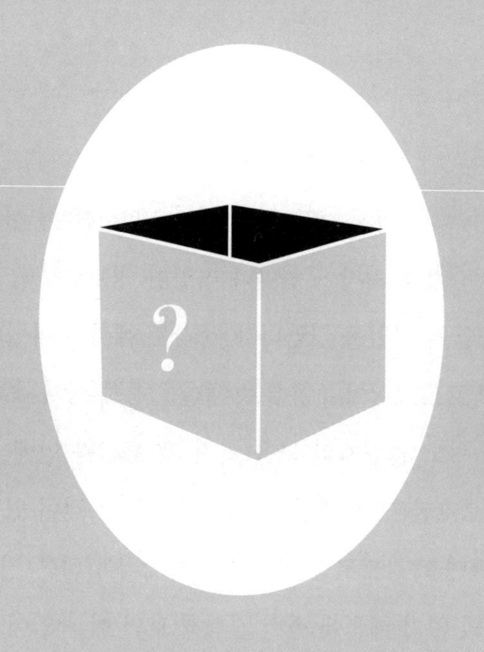

Perfect Guess

지금까지 예로 든 여러 가지 생활 속 사례들을 통해 우리의 감각과 지각이 얼마나 다양한 정보로부터 도움을 얻고 있는지 알게 되었을 것입니다. 촉각도 예외는 아닙니다. 아마 TV의 예능 프로그램이나 유튜브 채널을 통해 상자 속에 특정 사물을 넣어 두고 출연자의 눈을 가린 채로 상자 안에 손을 넣게 하여 촉감으로만 그 물체를 맞추는 게임을 본 적이 있을 겁니다. 정상인이라면 촉감으로만 물체를 알아맞혀야 하는 경우는 실생활에서 거의 없기 때문에 한번 경험해 보면 이 게임이 그렇게 쉽지 않다는 사실을 알 수 있습니다. 촉각도 훈련을 많이 하는 경우 뇌가 촉감을 통해 물체를 지각하는 능력이 향상될 수 있고 실제로 우리가 일상생활에서 늘 만지고 썼던 물체가 상자 안에 있는 경우는 그렇게 어렵지 않게 맞힐 수 있습니다. 즉, 컵이나 핸드폰, 연필 등과 같이 손으로 늘 잡고 만지고 쓰던 물체들은 비교적 잘 맞힙니다. 하지만 철로 된 수세미나 해삼, 산낙지, 도토리묵 등 보기만 했고 직접 만져 볼 일이 없었던 물체가 시각정보가 없는 채로 손에 닿으면 뇌에는 심하게 애매한 자극으로 접수됩니다. 대부분 이러한 애매함을 해소할 맥락 정보가 미리 애매함을 해소할 수 있도록 뇌에 예측 가능한 정보를 주지만 이런 게임에서는 맥락 정보가 없기 때문에 뇌는 다시 한번 때려 맞히기에 돌입하는 수밖에 없습니다.

사실 이런 게임에서 애매함을 해소해 주는 결정적인 맥락 정보는 촉각이 아닌 다른 감각이 중요한데, 인간과 같은 영장류에게는 특히 시각정보가 중요합니다. 같은 물체가 전달하는 정보 중 뇌의 서로 다른 감각을 자극하는 정보를 '멀티 모달리티 정보multi-modality information', 우리말로는 '다중 속성 정보'라고 부릅니다. 어린 시절 국어 시간에 배웠던 '공감각적'이라는 표현이 바로 사물의 멀티 모달리티를 의미하는 것입니다. 여러 감각이 한데 뒤섞여 합쳐져 있다는 얘기죠. 멀티 모달리티 정보는 하나하나의 감각정보가 융합되어 이루어지며 이때 이를 구성하는 개별 감각정보를 '단일 속성 정보' 혹은 '유니 모달리티 정보uni-modality information'라고 부릅니다.

개구리를 예로 들어 보겠습니다. 개구리는 독특한 생김새를 갖고 있고 독특한 방식으로 뛰는 것을 시각적으로 확인 가능합니다. 이것이 개구리의 시지각적 정보입니다. 이 시각적 특징은 하나의 단일 속성이기 때문에 하나의 모달리티, 즉 유니 모달리티라고 부를 수 있습니다. 개구리의 또 다른 유니 모달리티 정보는 어떤 것이 있을까요? 개구리는 '개굴 개굴' 하고 소리를 냅니다. 시골의 논길을 지나가다 보면 개구리가 우는 소리가 여기저기서 들리는데 개구리의 모습은 볼 수 없는 경우가 많습니다. 하지만 우리는 뇌의 청지각에만 의존해도 개구리라는 동물이 이 주변 어딘가에 있음을 알 수 있습니다. 이는 개구리의 청각적 속성입니다. 물론 개구리를 눈으로 보면서 울음소리를 동시에 들을 수도 있습니다. 이때의 개구리는 멀티 모달리티 자극이 되는 것이죠. 또 어떤 유니 모달리티가 개구리와 연합되어 뇌에 기억되어 있는지 한번 생각해 보시기 바랍니다. 시골에서 자라 개구리를 손으로 잡고 놀던 분들께는 개구리라는 동물의 촉감이 기억 속에서 느껴질 수 있습니다. 하지만 도시에서만 자란 분들께는 개구리를 직접 만져 본 경험이 없을 수 있으며 이때 촉감에 대한 정보는 뇌에 전혀 입력되어 있지 않을 것입니다.

✣

다시 위의 '눈 가리고 촉감으로 물건 알아맞히기' 게임으로 되돌아가 봅시다. 이 게임을 할 때 뇌가 매우 당황하고 심지어는 두려움까지 느끼는 이유가 있지요. 바로 방금 살펴본 개구리의 예처럼 우리 뇌는 사물이나 동물을 시각적으로나 청각적으로 먼저 확인합니다. 그 이후에 이러한 시청각적 맥락 정보하에서 촉각은 대개 마지막에 시청각적으로 확인된 물체를 확인해 주는 용도로 쓰입니다. 시각적이고 청각적인 정보가 모두 배제된 상태에서 물체를 만지면 이 물체가 위험한 물체인지 아닌지를 걱정하게 되고, 만약 동물이라면 나를 해롭게 할 수도 있지 않을까 하고 걱정하게 될 것입니다. 뇌의 입장에서는 극도로 제한된 정보만 들어오는, 극도로 애매한 상황이 주어지는 것이죠. 어찌 보면 이러한 상황은 뇌가 가장 싫어하는 상황 중에 하나입니다. 무언가를 피할 수 없이 마주해야만 하는데 그 대상에 대한 정보가 전혀 없고 그로 인해 어떤 반응을 해야 하는지 예측 혹은 대비를 할 수 없는 상황 말입니다. 특히 이러한 게임을 할 때 만져야 하는 사물 혹은 동물은 산낙지나 지렁이와 같이 만졌을 때 일부 사람들에게 혐오감이나 무서움을 주는 대상인 경우가 많습니다. 그리고 출연자들이 손을 상자 안에 넣기 전부터 상당히 무서워하고 긴장하는 것을 시청자들은 재밌다고 즐기게 되죠. 하지만 출연자들이 손을 상자에 넣기 전에 두려운 이유는 방송에 나온 것처럼 꼭 산낙지나 지렁이와 같은 징그러운 대상이 상자 안에 있을 것이 예상되기 때문만은 아니며, 우리 뇌가 기본적으로 정보가 전혀 없는 상황에서 사물과 상호작용하는 것을 싫어하기 때문입니다.

비단 시각이나 청각 및 후각과 같은 다른 감각뿐 아니라 장소와 같은 맥락 정보도 촉각의 애매함을 없애 줍니다. 만약 해당 게임을 수산시장에서 하면서 상자 안의 사물은 수산시장에서 팔고 있는 사물이나 수산물이라고 맥락 정보를 준다면 뇌는 상자 안의 물건이나 동물을 만져 보며 알아맞혀야 할 때 수사 범위를 상당히 좁힐 수 있습니다. 마찬가지로 철물점에서 해당 게임을 하며 상자 안에 있는 물건은 철물점에서 살 수 있는 물건이라거나 문구점에서 비슷한 게임을 하며 공간에 대한 맥락 정보를 준다면 이 게임은 아마도 그렇게 어렵지 않을 것입니다. 공간이나 상황이 실제로 존재하지 않는 촉각을 만들어 내기도 하는데 아마 소아과에서 많이 목격할 수 있을 겁니다. 주사를 맞는 게 극도로 무서운 경우 주사 바늘이 아직 들어가지도 않았는데 마치 주사기 바늘이 팔에 들어간 것처럼 소리를 지르며 아파하는 아이를 본 적이 있을 겁니다. 일부 어른 중에도 이런 분이 있으시죠. 이런 경우는 뇌가 지금부터 촉각적으로 매우 아파해야 하는 맥락이라는 세팅을 너무도 충실히 해놓아서 없는 자극을 느끼게 되는 것입니다. 환촉tactile illusion이라고나 할까요? 실제로 만성통증 환자의 경우는 뇌가 만들어 내는 이러한 맥락적 정보가 통증을 느끼게 하는 큰 요인 중 하나로 알려져 있습니다. 물론 예능 프로그램에서는 이렇게 공간적 혹은 상황적 맥락 정보를 주면 너무 쉽게 상자 안의 물건을 맞추게 되고 출연자도 그렇게 긴장하거나 겁먹은 모습을 보이지 않기 때문에 뇌가 사용할 수 있는 맥락 정보를 전혀 주지 않고 게임하는 것을 더 선호하겠지만요.

(13)

어떤 냄새는 왜 기억을 부를까

Perfect Guess

'프루스트 효과Proust effect'라고 들어 보셨나요? 여기서 프루스트는 프랑스의 작가 마르셀 프루스트Marcel Proust를 말합니다. 프루스트가 쓴 소설 『잃어버린 시간을 찾아서』에서 주인공 마르셀이 홍차에 적신 마들렌의 향기를 맡고 잊고 있던 어렸을 때의 기억을 떠올리는 장면이 나옵니다. 프루스트 효과라는 것은 이처럼 우리 코로 감각되는 냄새가 특정한 기억을 떠올리게 만들고 뇌가 특정 경험을 하는 상태로 만드는 효과를 지칭합니다. 실제로 어렸을 때의 기억을 떠올리는 데 매우 중요한 해마의 해부학적 특성 중 주목할 만한 점이 바로 냄새에 관한 것입니다. 즉, 후각 정보는 감각기관인 콧속의 후각 수용체를 거쳐 처리된 후 시각이나 청각처럼 별다른 복잡한 후반 정보처리 과정을 거치지 않고 거의 직접적으로 해마에 전달된다는 점입니다. 따라서 냄새가 마르셀의 어린 시절 추억과 직접적으로 연결되는 소설 속의 장면은 뇌인지과학적인 근거가 있습니다.

❖

냄새를 처음 받아들이는 코의 후각 수용체는 그 종류가 상당히 다양하다고 알려져 있습니다. 약 350가지가 넘는 후각 수용체들이 존재하는데, 이들 수용체의 절체절명의 임무는 공기 중에 떠다니는 화학 물질 중 자신이 담당한 화학 물질을 붙잡는 것입니다. 즉, 자기 짝을 찾는 것이죠. 몇백 가지 종류의 수용체들이 붙잡은 화학 물질들의 조합을 우리 뇌는 특정 냄새로 기억합니다. 하지만 생각해 보세요. 공기 중에 떠다니는 화학 물질의 양이 늘 일정할까요? 멀리 식당에서 바람을 타고 전달된 숯불갈비 냄새는 그날 바람이 얼마나 부는가 혹은 숯불갈빗집에 얼마나 많은 사람이 와서 갈비를 굽고 있는가 등에 따라 상당히 달라질 것입니다. 왜냐하면 이러한 여러 가지 이유로 인해 공기 중에 떠다니는 숯불갈비 냄새 화학 물질들의 농도가 달라질 것이기 때문이지요. 숯불갈빗집 바로 앞에 가면 냄새가 훨씬 강해지면서 이런 애매함이 사라지겠지만, 대개 냄새라는 감각의 효용성은 심지어 대상이 보이지 않고 들리지 않을 때도 주변에 무엇이 있는지 선제적으로 파악할 수 있다는 것에 있기 때문에 멀리서도 냄새를 맡고 그 정체를 아는 것이 뇌에게는 아주 중요한 과제입니다.

특정 냄새가 이처럼 상황에 따라 서로 다른 양의 화학 분자들의 조합으로 지각되어야 한다는 점을 이해한다면 우리 뇌가 얼마나 애매한 상황에서 냄새를 알아맞히기 위해 추측하는지 이해할 수 있을 겁니다. 사실 인간의 후각은 쥐나 개 등의 다른 동물들에 비하면 정말 보잘것없습니다. 쥐와 같은 설치류의 경우 뇌의 거의 3분의 1이 후각과 관련된 정보처리에 쓰인다고 볼 수 있습니다. 아마도 쥐나 개와 같이 원래 야행성인 동물은 밤에 시각에 의존하여 생활한다는 것이 적응적인 전략이 아니므로 캄캄한 밤에도 아무런 영향을 받지 않는 청각이나 후각이 발달한 것이 아닌가 추측됩니다. 사람과 같이 밝은 환경에서 생활하기 시작한 동물은 상대적으로 시각이 발달하면서 후각이나 청각이 야행성 동물에 비해 퇴화한 것이죠. 어쨌거나 인간의 모든 감각은 자연환경에 존재하는 자극을 알아보기 위한 것이지만 그 자극의 애매함이 너무도 큽니다. 따라서 해당 감각을 담당하는 뇌의 부위는 이 애매함과 사투를 벌이면서 자극의 정체를 가장 완벽에 가깝게 추론하려고 노력합니다. 그리고 후각 역시 이러한 큰 주제에서 벗어나지 않는 역할을 수행합니다.

코에 있는 후각 담당 수용체들이 수백 가지라는 사실은 시각을 담당하는 눈의 망막에 있는 수용체가 단지 세 가지인 것과 비교되죠? 그만큼 공기 중에 떠돌아다니는 화학 물질들의 종류와 조합이 다양하고 애매합니다. 후각 수용체들은 이를 충실히 반영하기 위해 진화했다고도 볼 수 있습니다. 일반인보다 특별히 후각을 중요한 감각기관으로 써야 하는 직업군의 사람들의 경우 이러한 다양한 냄새의 홍수 속에서 애매함을 극복하고 정확한 추론을 해내야 하는 압력 속에 살게 됩니다. 조향사라는 직업을 아시나요? 여러 가지 향료를 섞어서 새로운 향을 만드는 직업입니다. 향수를 개발한다거나 사람들이 맡아 보지 못한 후각적 경험을 만들어 내는 독특한 직업이지요. 요리사나 와인 소믈리에의 경우도 타고난 후각을 가진 사람이 빛을 발하는 경우가 많습니다. 뛰어난 소믈리에의 경우 와인을 마시지 않고 와인 잔에 처음 따른 와인의 냄새만 맡고도 그 와인 속에 들어 있는 원재료의 조합들을 어느 정도 추측할 수 있다고 합니다.

✣

뇌의 후각 시스템이 이렇게 냄새를 정확하게 구별하고 인식할 수 있는 능력 역시 맥락적 정보처리의 힘이라는 것이 뇌인지과학을 통해 조금씩 밝혀지고 있습니다. 예를 들어, 공기 중에 떠돌아다니는 화학 물질들이 후각 수용체들에 달라붙는 정확한 패턴은 상황에 따라 매우 다릅니다. 앞에서 예로 든 바와 같이 자신이 숯불갈빗집에서 얼마나 떨어져 있느냐에 따라서 다를 수 있고, 그날 바람이 얼마나 어떤 방향으로 불고 있느냐에 따라서도 다를 수 있고, 주변에 숯불갈빗집 외에 다른 냄새를 풍기는 음식점(예: 치킨집)이 있는가에 따라서도 다를 수 있고, 심지어는 내가 마스크를 쓰고 있는지와 어떤 종류의 마스크를 쓰고 있는지에 따라서도 다를 수 있습니다. 따라서 우리의 후각 시스템이 정확히 퍼즐처럼 완벽한 조합의 후각 수용체들의 활성 패턴이 감지되어야만 냄새를 맡을 수 있게 설계되어 있다면 우리는 공기 중에 떠다니는 무한한 화학 물질들의 망망대해에서 자신이 맡고 있는 것이 무슨 냄새인지 결정하지 못하고 우물쭈물하는 생명체가 되었을 것입니다. 하지만 뇌는 하향식으로 특정 냄새를 기대하게 예측하고, 또 후각 수용체들의 활성 조합도 특정 패턴과 비슷한 맥락을 가진 것으로 판단되면 그 패턴을 숯불갈비 냄새라고 상당히 정확하게 특정 지을 수 있는 맥락적 추론이라는 힘을 갖고 있습니다. 이 힘으로 너무도 애매한 자극들이 난무하는 환경 속에서도 안정감을 갖고 살아갈 수 있는 것이고, 이는 후각도 예외가 아닙니다.

(14)

강력한 몰입으로 이끄는 머릿속 바람잡이

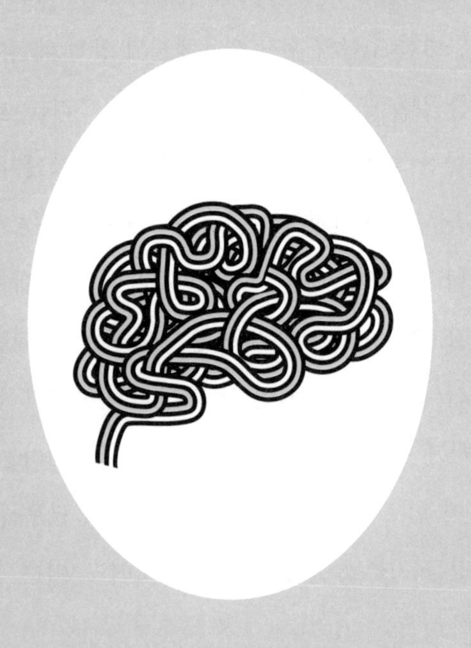

Perfect Guess

이상에서 살펴본 바와 같이 맥락의 힘은 이미 물리적 세계와 뇌가 처음 마주하는 단계인 감각과 지각에서부터 발휘됩니다. 시각, 청각, 미각, 후각, 촉각 등 모든 감각은 끊임없이 변화하는 외부 세계의 물리적 자극들이 주는 애매함을 줄여 주는 방향으로 작동하도록 설계되어 있고, 이때 맥락적 정보처리가 매우 중요합니다. 할리우드 영화를 보면 범죄 집단이 어떤 범죄를 공모할 때 '바람잡이'의 역할을 하는 특정인이 있습니다. 이 역할을 맡은 바람잡이는 범죄의 대상이 될 사람에게 다가가서 시비를 건다거나 유혹하는 방식을 통해 그 사람의 주의attention를 뺏게 됩니다. 주의를 뺏는다는 말은 무슨 뜻일까요? 뇌인지과학적으로는 그 범죄의 대상이 될 인물의 뇌가 특정한 방향으로만 정보처리를 하도록 몰입시킨다는 뜻입니다. 즉, 강력한 맥락을 형성해 주는 것이죠. 이렇게 강력한 하향식 편향 정보가 피해자의 뇌에 맥락을 형성하게 되면 피해자의 뇌는 주변에서 발생하는 모든 물리적인 자극들을 그 맥락에 맞게 해석하고 판단하게 됩니다. 피해자가 이처럼 강력한 맥락 속에 들어가면 그 사람의 호주머니에서 물건을 빼낸다거나 하는 일은 너무도 쉬워집니다. 이처럼 맥락은 뇌의 정보처리의 위대한 바람잡이라고 볼 수 있습니다.

✣

한 가지 강조하고 싶은 점이 있습니다. 감각과 지각 수준에서 일어나는 맥락적 정보처리 편향은 사실 대부분 뇌가 과거에 경험하고 학습한 기억을 토대로 일어난다는 사실입니다. 그러나 제가 학생 때는 감각과 지각을 연구하면 뇌의 상위 고등인지 영역들의 기능을 연구하지 않아도 되고, 독립적으로 감각-지각만 연구할 수 있는 것처럼 배웠습니다. 대학원에서도 상위 고등인지를 연구하는 대학원생들이 감각이나 지각을 연구하는 대학원생들에게 하위 영역 대학원생이라고 농담하며 놀던 기억도 납니다. 하지만 뇌인지과학적 지식이 상당히 발전한 지금은 그런 생각과 농담이 얼마나 어리석었는지 깨닫게 됩니다. 아주 잘 돌아가는 회사라면 최상위의 의사결정자들이 하위 조직에서 일하는 사람들이 어떤 상태인지 잘 알고 업무를 잘 이해하고 이를 반영하여 의사결정을 하려고 노력하듯이, 뇌 역시 정보처리의 초기 단계와 상위 단계가 유기적으로 소통하며 끊임없이 서로가 서로에게 영향을 미치며 거대한 맥락을 형성합니다. 이를 통해 초기 감각 및 지각 단계에서 뇌는 맥락적으로 예측되는 것을 지각하려고 애쓰고 상위 고등인지 영역은 자신의 예측이 얼마나 정확하게 맞는지를 끊임없이 모니터링합니다. 그럼 다음 부에서는 감각 및 지각보다 상위의 정보처리 단계이고 뇌의 맥락적 정보처리에 가장 큰 영향을 미친다고 알려진 해마에 대해서 알아보도록 하겠습니다.

3부

완벽한 추론을 결정하는 맥락 설계의 비밀

(15)

해마의 학습과 기억, 그리고 맥락

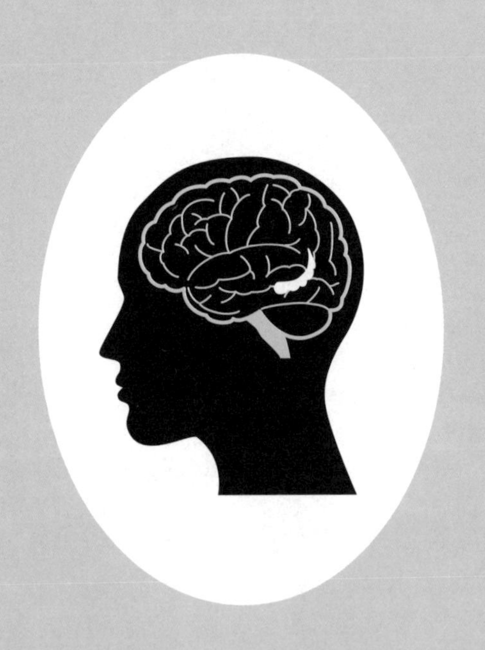

Perfect Guess

지금까지는 감각과 지각을 통해 바깥세상의 사물들을 알아보는 뇌의 작업이 애매함의 바닷속에서 '맥락'이라는 등대의 불빛 없이는 거의 불가능하다는 점을 설명했습니다. 또, 이를 더 쉽게 이해할 수 있도록 생활 속에서 경험할 수 있는 지각적 경험의 예를 이것저것 들어 보았습니다. 그중에서도 특히, 뇌의 감각 혹은 지각 영역 내에서 국지적으로 발생하는 맥락적 요소보다는 정보처리의 흐름상 그보다 더 상위의 고등인지higher-level cognition를 담당하는 영역으로부터 지각을 담당하는 영역에 하향식으로 전달되는 맥락 정보를 강조했습니다.

그렇다면 상위의 고등인지 영역이란 어디를 말하는 것일까요? 어디까지 고등인지로 볼 것인가는 뇌인지과학적으로 여전히 연구와 토론의 대상입니다만, 우리가 논의하고 있는 맥락적 정보처리라는 관점에서 보자면 뇌에서 맥락을 만들어 내는 역할을 담당하는 영역이 당연히 그 중심에 있을 것입니다. 저를 비롯한 뇌인지과학자들에게 뇌에서 맥락 정보를 만들어 내면서 뇌의 다른 여러 영역들의 정보처리에 맥락적 영향을 미치는 가장 중요한 영역 하나를 고르라고 한다면 아마 누구나 주저하지 않고 '해마'를 꼽을 것입니다.

❖

해마가 어떻게 맥락을 만들어 내는지 설명하기 전에 해마의 생김새나 구조를 간단하게 알고 넘어가면 좋을 것 같습니다. 해마는 영어로 '히포캠푸스Hippocampus'라고 부릅니다. 1587년에 처음 해마를 발견하여 학계에 보고한 이탈리아의 해부학자 쥴리우스 아란티우스Julius Arantius가 뇌의 해당 영역이 그리스 신화에 나오는 말을 닮은 바닷속 괴물과 비슷하게 생겼다고 해서 그렇게 이름을 붙였기 때문입니다. 히포Hippo는 말horse을 의미하고 캠푸스Campus는 몬스터moster, 즉 괴물이라는 뜻입니다. 오늘날 영어로는 바닷속에 사는 생물인 해마를 말 그대로 바다의 말seahorse이라고 부릅니다. 아마 동물원의 수족관이나 TV에서 꼬리가 돌돌 말린 귀여운 해마의 모습을 보신 적이 있으실 겁니다. 실제로 뇌 속

해마 영역을 잘라서 단면을 보면 마치 바닷속 해마의 돌돌 말려져 있는 꼬리처럼 생긴 것을 볼 수 있으며, 처음 이를 발견한 아란티우스 박사가 해마라는 이름을 떠올린 것도 이해가 갑니다.

뇌의 여러 영역 중에 두개골 쪽에 가까운 피질cortex 영역들을 신피질neocortex이라고 부릅니다. 반면, 뇌의 깊은 곳에 있어 두개골에서 상당히 멀리 떨어진 곳에 존재하는 영역들이 있는데, 이처럼 뇌의 깊은 부위를 일반적으로 뇌심부deep brain라고 부릅니다. 굳이 깊이로 분류하자면 해마는 뇌심부에 가까운 영역입니다.

해마는 나를 둘러싼 환경, 즉 바깥세상에 대한 정보를 어떻게 수집할까요? 해마에게 외부 환경의 정보를 전달해 주는 가장 중요한 뇌영역은 내후각피질entorhinal cortex입니다.

앞에서 눈, 코, 입, 귀와 같은 감각기관들에서 전달된 감각정보가 각각의 감각정보 처리를 담당하는 뇌의 감각 및 지각 영역에서 처리된다는 것을 설명했습니다. 바깥세상에는 마치 잘 비벼진 비빔밥처럼 하나의 대상으로 존재하던 특성들이 뇌의 서로 다른 종류의 감각과 지각 단계를 거치면서 마치 비빔밥의 재료를 다시 다 나누어 종류별로 그릇에 담는 것처럼 분리된 후 따로 처리되는 것이죠. 즉, 시각정보는 시각영역에 의해 처리되고,

청각정보는 청각영역에 의해서 처리되고, 후각정보는 후각영역에 의해서 처리되고 하는 식으로 말이죠. 하지만 비빔밥을 이렇게 재료별로 따로따로 먹으면 비빔밥이라는 요리를 온전히 맛볼 수 있을까요? 당연히 불가능하죠. 뇌도 마찬가지입니다. 뇌가 외부 환경에 존재하는 사물을 최대한 있는 그대로 다루기 위해서는 이렇게 나누어진 재료들을 다시 합쳐서 원래의 비빔밥의 맛을 복원해 내는 절차를 진행해야 합니다. 뇌에서 이런 작업을 하는 영역을 '연합피질associative cortex'이라고 부릅니다. 즉, 연합피질은 서로 다른 성질의 정보를 연결 혹은 '연합association'시켜 개별 속성을 뛰어넘는 속성을 만들어 내는 영역입니다. 이러한 연합적 정보처리의 최상위 단계에 있는 피질이 바로 내후각피질이라고 보면 되겠습니다. 즉, 내후각피질의 정보처리 단계에 이르면 이제 시각, 청각, 미각 등이 따로 존재하지 않으며, 이들 개별 감각 및 지각 유형 간에 상당한 연합이 이루어져 비빔밥의 모습에 가깝게 합쳐진 상태라고 할 수 있습니다.

내후각피질에 존재하는 정보는 감각 및 지각 영역에 존재하는 정보에 비해서는 연합적인 속성을 띠지만, 마치 아직 맞춰지지 않은 레고 블록 같아 여전히 개별적인 정보입니다. 레고 블록을 서로 끼워 맞춰서 여러 가지 모양의 건물이나 물체를 만들어 보았다면 개별 블록을 조직화하여 최종적으로 원하는 모양을 이루도록 만드는 작업의 중요성과 재미를 잘 아실 것입니다. 뇌의 해마는 레고 블록을 짜맞추어 독특한 모양의 3차원 구조물을 만드는 바로 그 작업을 한다고 보면 될 것 같습니다. 레고 블록 비유를 계속해 본다면, 뇌의 감각 영역은 하나의 색깔과 모양을 가진 레고 블록을 만들어 내는 작업을 한다고 봐도 될 것 같고, 지각 영역은 같은 색깔과 모양의 몇 개의 레고 블록을 합쳐 감각 영역에서 만드는 레고 블록보다는 더 큰 블록을 만들어 낸다고 보면 될 것 같습니다. 그리고 내후각피질과 같은 연합피질에서는 서로 다른 색깔과 모양의 레고 블록을 합쳐서 이전 단계의 지각 영역들이 만들어 내는 레고 블록보다 더 큰 덩어리의 레고 블록을 만들어 내고, 이 큰 덩어리의 레고 블록들은 비로소 해마에서 완전한 3차원 구조로 짜맞춰져서 완성된다고 보면 되겠습니다. 그리고 이렇게 완성된 구조를 우리는 해마가 만들어 내는 '맥락'이라고 말할 수 있습니다.

내후각피질에 있는 뉴런들은 해마의 여러 하위영역에 '관통경로perforant path'라고 불리는 축삭돌기axon를 뻗어 정보를 전달합니다. 이 특별한 축삭돌기는 내후각피질에서부터 해마까지 상당히 먼 거리를 달려오고, 그 중간에 있는 뇌 영역을 그대로 관통하면서 가기 때문에 관통경로라는 이름이 붙었습니다. 해마로 정보를 빨리 전달해야 하기 때문에 마치 고속도로처럼 별도의 신호 없이 바로 전기적 신호를 전달할 수 있도록 되어 있는 것이죠. 내후각피질로부터 오는 정보 고속도로의 끝은 해마의 여러 하위영역subregion인데, 전통적으로는 크게 세 가지 하위영역을 이야기합니다. 즉 치아이랑dentate gyrus, CA1, CA3라는 세 영역에 내후각피질로부터 관통경로를 통해 거의 동시다발적으로 정보전달이 이루어집니다. 제가 대학원에서 석사학위를 하던 시절인 1990년대 후반만 해도 내후각피질의 정보가 1차적으로 치아이랑으로 먼저 전달된 후 치아이랑에서 CA3로 정보가 전달되고, 마지막으로 CA3에서 CA1으로 정보가 차례로 전달된다는 식의 순차적 정보전달 이론이 정설이었습니다. 당시에는 내후각피질에서부터 3개의 시냅스(치아이랑, CA3, CA1의 3단계)를 거쳐야 한다고 해서 '삼중시냅스 회로trisynaptic circuit'라고 부르기도 했습니다. 하지만 그 이후로 뇌인지과학적 이해가 깊어지면서 그렇지 않다는 사실이 밝혀습니다. 해마의 여러 하위영역들이 내후각피질로부터 동시다발적으로 정보를 받을 수 있다는 것이 현재의 정설입니다.

❖

해마의 세 가지 영역들이 서로 어떻게 조화로운 정보처리를 거쳐서 맥락 정보를 형성하고 이를 다시 뇌 전체에 공급해 주는지에 대한 자세한 내용은 여전히 연구 중입니다. 하지만 뇌인지과학 연구를 통해 알려진 중요한 이론적 가설이 몇 가지 있습니다. 이는 어디까지나 이론적인 가설이기 때문에 앞으로도 많은 실험에 의해 과학적으로 증명되어야 하지만 해마를 전문적으로 연구하는 뇌인지과학자의 입장에서 볼 때 개연성이 높다고 생각합니다. 그중 몇 가지만 소개할까 합니다.

첫째, 해마의 하위영역 중 CA3 영역은 소위 '순환신경망recurrent network'이라고 불리는 구조를 가지고 있습니다. 순환신경망은 치아이랑이나 CA1은 갖고 있지 않은 CA3만의 독특한 구조인데, 이런 구조의 핵심은 CA3에 있는 하나의 뉴런이 CA1 영역의 뉴런에 축삭돌기를 통해 정보를 전달할 때 그 축삭돌기가 중간에 가지를 치고 그 가지가 다시 CA3로 되돌아온다는 것입니다. 이로 인해 '순환'이라는 표현이 쓰였습니다.

이렇게 순환신경망 구조를 갖는 신경망은 자신의 신경망 내에서 돌아다니는 서로 다른 정보를 연합시키는 기능을 수행하기에 적합합니다. 이처럼 자신의 신경망 내에 돌아다니는 정보를 서로 연합시킨다고 해서 CA3와 같은 신경망을 '자가연합 신경망autoassociative network'이라고 부르기도 합니다. 이러한 특성으로 인해 CA3가 중심부에 자리 잡고 있는 해마는 외부 환경에 대한 정보가 조각조각 파편화되어 내후각피질로 전달되면 이 파편화된 정보들을 마치 뜨개질을 하듯 순간적으로 엮어서 하나의 구조물로 만들어 낼 수 있습니다. 이 하나의 구조물이 바로 해마가 만들어 내는 '맥락'의 핵심입니다. 아마도 해마의 CA3 영역에 저장될 것으로 여겨지는 외부 환경에 대한 맥락 정보는 순환신경망의 특성으로 인해 자신이 이전에 보았던 것보다 좀 부실한 정보가 들어오더라도 이를 맥락의 힘으로 다시 원래 정보의 형태로 추측하여 복원하는 기능도 수행하는데 이를 '패턴완성pattern completion'이라고 부릅니다. 예를 들어, 자신의 집 근처에 있는 공원의 사진을 보거나 그 공원이 나온 동영상을 보면 누구나 '아, 여기 내가 자주 가는 우리 집 옆 공원이네' 하고 알아볼 수 있습니다. 그런데 놀라운 것은 그 공원의 모습에 약간의 변형이 가해지거나 공원이 부분만 보이는 등의 상황, 즉 애매한 정보가 해마에 입력되더라도 해마는 패턴완성 기능을 통해 원래 기억 속 공원의 모습을 복원해 냅니다. 이런 기능은 우리 뇌가 '세상은 조금의 변화는 있을 수 있지만 언제나 항상성을 유지하는 곳이군' 하고 세상에 대한 믿음을 갖게 합니다. 패턴완성을 우리가 늘 쓰는 일상용어로 바꾸면 '일반화generalization'입니다. 일반화란 조금씩 다른 점이 있어도 이를 무시하고 그냥 다 같은 것으로 본다는 말이므로 패턴완성과 비슷한 개념이라고 볼 수 있습니다. 패턴완성이라는 말은 뇌의 기능을 시뮬레이션을 통해 연구하는 이론 뇌과학theoretical neuroscience 혹은 계산신경과학computational neuroscience 분야에서 쓰는 좀 더 전문적인 용어라고 생각하면 됩니다.

❖

그런데 우리가 사는 세상에는 조금 다르게 보이지만 같은 대상도 있고, 비슷해 보이지만 완전히 다른 대상도 있습니다. 즉, 내가 자주 가는 공원과 비슷하게 보이지만 자세히 보면 옆 동네의 다른 공원일 가능성도 있는 것이죠. 바로 이런 점이 외부 환경에 존재하는 대상을 자신의 기억 속의 정보와 맞춰 보면서 같은지 다른지 여부를 계속해서 판단해야 하는, 해마를 포함한 뇌의 딜레마 중 하나입니다. 앞에서 말한 패턴완성만 계속하다 보면 정작 서로 충분히 다르게 생긴 환경을 구별하지 못하게 될 것입니다. 이때는 패턴완성의 반대되는 해마의 기능이 필요하겠죠? 이를 계산신경과학에서는 '패턴분리pattern separation'라고 부릅니다. 비슷한 환경이 때로는 자신의 기억 속에 이미 알고 있는 A라는 환경일 수도 있고, A 환경과 비슷하게 생겼지만 사실은 B라는 다른 환경일 수도 있습니다. 현재 뇌인지과학에서 패턴분리는 CA3의 기능만으로는 어렵고 해마의 다른 하위영역 중 하나인 치아이랑으로부터 오는 정보가 있어야만 한다는 이론이 우세합니다.

같은 외부환경에 노출되더라도 내후각피질에서 해마로 전달되는 정보의 양상은 조금씩 다를 수 있고, 해마에서 이를 받아서 맥락을 형성하여 기억의 형태로 저장하는 양상도 조금씩 다를 수 있습니다. 하지만 중요한 것은 해마는 이처럼 정보를 특정한 방식으로 조직화하여 바깥세상에 대응되는 구조물을 완성시킨다는 사실이죠. 이를 '인지지도cognitive map'라고 부릅니다. 인지지도와 같은 외부 세계에 대응되는 뇌 속의 모델은 우리가 외부 세계의 애매한 정보를 맥락적으로 해석하고 학습하는 데 필수적이며, 이 과정에서 해마의 맥락 정보는 감각과 지각부터 뇌의 상위 정보처리까지 전방위적인 영향을 미치는 핵심 정보입니다.

(16)

맥락적 뇌는 언제 발달하는가

Perfect Guess

발달상으로 볼 때 우리 뇌는 몇 살 때부터 맥락적으로 작동하기 시작할까요? 아기 때부터일까요, 아니면 그 이후부터일까요? 뇌의 해마는 어떤 학습이 이루어질 때 그 학습이 이루어진 주변 맥락을 같이 기억하는 데 필수적이므로 해마의 기능이 언제부터 생기고 어떻게 발달하는지를 살펴보면 이러한 물음에 어느 정도 답할 수 있을 것 같습니다.

❖

해마에 있는 세포 중 '장소세포place cell'라고 불리는 뉴런은 쥐가 공간상에서 특정한 위치에 갔을 때만 활발한 활동을 보인다고 잘 알려져 있습니다. 예를 들어 여러분이 자신의 집에서 거실에 있을 때만 활동을 보이는 장소세포가 있고, 부엌에 있을 때만 활동을 보이는 장소세포가 있는 등 집이라는 공간에서도 자신이 어느 위치에 있는지 정확히 알려 주는 장소세포가 있다고 생각하시면 될 것 같습니다.

이 장소세포는 어떻게 공간상의 특정 위치에 도달했다는 것을 알 수 있을까요? 실험 결과, 그 위치에서 보이는 주변의 시각적 자극들이 만들어 내는 특정한 맥락 정보가 중요하다는 것을 알게 되었습니다. 즉, 부엌의 특정 위치에 서서 주변을 보면 주변의 자극들(싱크대, 찬장, 쓰레기통, 전자렌지, 냉장고 등)이 특정한 방식으로 배열되어 눈에 들어옵니다. 이를 '시공간적 맥락visuospatial context'이라고 부릅니다. 누군가 전자렌지와 냉장고의 위치를 바꾼다거나 하면 이 시공간적 맥락이 조금 바뀌겠지요? 그리고 거실에 있을 때 주변을 보며 얻는 시공간적 맥락 정보는 부엌에서 뇌가 얻을 수 있는 시공간적 맥락 정보와 확연히 다를 것입니다. 실제로 쥐 실험에서 주변의 시공간적 맥락 정보를 주는 시각자극을 90도 정도 돌려놓을 경우, 해마의 장소세포는 그 시각자극이 돌아간 만큼 공간상에서도 90도 정도 돌아간 위치에서 활동을 보이는 것이 알려졌습니다. 이는 해마의 장소세포가 주변에 보이는 시각적 자극들과 이 자극들이 만들어 내는 공간적 맥락 정보를 매우 신뢰한다는 것을 보여 줍니다. 이 장소세포의 발견은 1972년에 쥐 실험을 통해 처음 이루어졌고 그 이후로도 대부분 쥐를 통해 실험적 증거를 수집했기 때문에 사람과 같은 영장류에서도 쥐와 똑같이 장소세포가 활동하는지는 실험적으로 확실하지 않습니다. 하지만 사람이 속한 영장류의 해마 역시 주변의 시공간적 맥락에 매우 크게 영향을 받는다는 사실은 잘 알려져 있으므로 기본적으로 쥐의 해마와 영장류의 해마는 진화적으로 같은 기능을 수행한다고 볼 수 있습니다.

그렇다면 쥐에서는 이처럼 맥락적으로 작동하는 해마의 장소세포가 몇 살부터 그 기능을 발휘하기 시작할까요? 야생의 환경에서 사는 쥐는 1~2년 정도면 수명을 다한다고 알려져 있습니다. 새끼 쥐는 태어난 지 약 보름이 지나면 어미 쥐가 만들어 놓은 둥지를 떠나서 스스로 환경을 탐험하는 행동을 보이기 시작합니다. 이 시기에는 아직 새끼 쥐가 눈을 못 뜨고 있거나 갓 눈을 떴기 때문에 쥐의 뇌의 시지각 능력이 완전하지 않은 상태입니다. 하지만 이때 벌써 해마의 장소세포들은 공간상의 새끼 쥐의 위치를 꽤나 정확하게 알려 준다고 합니다. 앞에서 해마의 장소세포는 주변의 시공간적 맥락 정보를 이용해서 위치를 알 수 있다고 했습니다. 그렇다면 이제 막 눈을 뜨기 시작해서 시지각 시스템이 온전히 기능을 하지 않는 새끼 쥐의 해마는 어떻게 장소정보를 알 수 있을까요? 이 시기의 해마의 장소세포는 시지각 정보가 아닌 자신의 몸에서 나오는 정보만을 이용해서 장소정보를 얻고 있을 가능성이 높습니다. 어떻게 주변의 환경을 보지 않고 자신의 몸에서 나오는 정보만으로 자신의 위치를 알 수 있을까요?

❖

이것은 사실 여러분도 경험해 보았을 가능성이 대단히 높습니다. 예를 들면, 집에 있는데 갑자기 모든 전기가 나가면서 컴컴해진 경험이 있나요? 혹은 산에 올라갔다가 너무 늦게 내려오거나 길을 잃어 아무것도 보이지 않거나 칠흑같이 어두운 상황에서 길을 찾아본 경험이 있을 수도 있습니다. 만약 이런 경험이 없다면 넓은 공터에서 특정 위치까지 가겠다고 목표를 정한 후 눈을 안대로 가리고 그 위치로 가보세요. 이런 상황에 놓이면 뇌는 눈으로 들어오는 시각정보가 없기 때문에 자신의 몸을 움직일 때마다 변화하는 신체 내에서 생성되는 신호에 매우 민감해집니다. 즉, 내가 몇 발자국을 걸었는지 주의를 기울이게 되는데 이는 거리정보를 알려 줍니다. 그리고 좌우로 몇 도의 각도로 틀어서 다시 앞으로 가게 되면 어느 정도 회전을 했는지 귀의 전정기관vestibular organ이 내는 정보에 주의를 기울이게 됩니다. 수학적으로는 거리정보와 방향정보, 이 두 가지 정보만 정확히 모니터링을 하면 자신이 공간상에서 어느 위치에 있는지 정확히 알 수 있습니다. 물론 이를 계속해서 정확히 계산할 수 있다면 자신의 목적지로도 정확히 갈 수 있겠지요. 이런 방식으로 공간상에서 위치정보를 업데이트해 나가는 방식을 영어로 '데드레코닝dead reckoning'이라고 합니다. 톰 크루즈 주연의 영화 〈미션 임파서블〉 시리즈의 일곱 번째 제목으로도 잘 알려졌지요.

데드레코닝은 사실 바다에서 배를 타는 항해사들이 쓰는 전문 용어입니다. 지금의 배에는 위성으로 위치를 알려 주는 GPS가 대부분 탑재되어 있어 항해사가 배의 위치를 정확히 알 수 있지만, 16~17세기에만 해도 배가 항구를 떠나면서부터 정확한 위치를 계산하는 것이 죽느냐 사느냐를 가르는 절체절명의 과제였습니다. 이때 유일하게 할 수 있는 위치 계산법이 바로 데드레코닝이었습니다. 앞에서 말한 대로 항해사는 자신의 배가 마지막 파악된 위치에서 거리상으로 얼마나 움직였으며 어느 방향으로 몇 번 뱃머리를 돌렸는지, 거리와 방향 정보를 정확히 계산해서 마지막 파악된 위치로부터 현재 자신의 위치를 추측해야 했습니다. 그래서 데드레코닝을 우리말로 '추측항법'이라고 합니다.

앞에서 제가 눈을 안대로 가리고 공터에서 특정 위치에서 출발해서 특정 위치로 이동하는 실험을 해보라고 했죠? 이 실험에서 위치를 파악하는 방법이 바로 데드레코닝입니다. 아마 집에 정전이 되면 부엌에 있는 양초를 가지러 가기 위해 어두운 집안을 데드레코닝으로 돌아다니게 될 것입니다. 그런데 막상 공터에서 안대를 중간에 벗거나 집에서 부엌에 가기 전에 다시 전기가 들어와서 불이 켜지면 놀라운 경험을 하게 됩니다. 즉, 대개는 자신이 생각했던 현재 위치가 있었는데 주변을 보니 엉뚱한 곳에 서 있는 것이죠. 자신의 뇌가 추측항법으로 계산해 온 위치가 주변의 환경정보와 맞춰 보니 오차가 있다는 것을 발견하게 되는 것입니다. 예를 들면, 화장실 옆까지 잘 왔다고 생각했는데 불이 켜져서 주변을 보니 안방 옆에 있는 나를 발견하게 되는 것이죠. 왜 이런 오차가 발생할까요? 바로 우리 몸에서 나오는 거리 정보와 방향 정보는 시각 정보만큼 정확하지 않으며 이 정보에 계속해서 주의를 기울여 모니터링하는 것도 쉽지 않기 때문입니다. 출발점에서 멀어지면 멀어질수록 오차가 누적되어서 점점 커진다는 단점이 있기 때문입니다. 이런 단점으로 인해 정확히 거리를 잴 수 있는 방법이 나오기 전까지는 항해사들이 위치 계산을 잘못해서 암초를 만나 배가 그대로 좌초되는 사고를 빈번하게 겪었다고 합니다.

다시 둥지를 떠나 데드레코닝을 사용하여 환경을 탐험하고 돌아다니는 새끼 쥐의 예로 돌아가 볼까요? 과학적으로 아직 정확히 밝혀지지는 않았으나 해마의 장소세포는 몸에서 나오는 그

다지 정확하지 않은 몇 가지 신체 내 정보만 가지고도 장소를 어느 정도 파악하여 활동하는 것 같습니다. 다만 이때의 활동은 기능적으로 완전하지는 않아 보입니다. 장소세포가 정확히 특정한 위치에서 활동하기보다는 다소 넓은 공간상의 범위에서 활동하기 때문입니다. 예를 들면, 장소세포라고 부르려면 내가 안방의 문쪽에 있을 때만 선택적으로 활동해야 하는데 이때의 장소세포는 우리 집 어디에 있건 활동을 해서 장소세포의 활동만 보고는 내가 집 안에서 어디에 있는지 알기 어려운 것과 비슷합니다. 또한, 성인의 해마의 장소세포에 비해 어린 해마의 장소세포는 활동의 안정성도 떨어진다고 합니다. 하지만 새끼 쥐가 눈을 뜨고 주변의 환경으로부터 시공간적 맥락 정보를 얻게 되면, 이때부터 급격하게 장소세포의 활동패턴은 완전해지고 특정 위치를 더욱 정확하게 표상하게 됩니다. 실험 결과에 따르면 쥐의 해마가 위치를 어른 쥐의 수준으로 정확하고 안정적으로 표상하려면 (사람으로 말하면) 쥐의 청소년기까지도 해마의 발달이 이루어져야 한다고 합니다. 이렇게 되면 데드레코닝을 이용한 다소 부정확한 위치 계산에서 생기는 오류가 주변 맥락 정보로 극복되는 것이죠. 이것은 불완전한 정보를 맥락 정보를 활용하여 완전하게 만드는 뇌의 기본 작동원리를 충실히 구현한 좋은 예입니다. 어찌 보면 갓 태어난 쥐의 뇌에는 주변 환경과 상호작용하며 정교하게 조율tuning이 이루어질 수 있는 기본적인 장치가 탑재되어 있을 뿐, 이를 믿고 쓸 만한 수준의 정교하고 안정적으로 작동하는 장치로 만드는 것은 전적으로 생후의 환경과의 상호작용에서 일어나는 학습에 달려 있다고 해도 과언이 아닙니다.

인간의 아기는 어떨까요? 생후 1년까지의 아기를 대개 영아infant라고 부릅니다. 이 시기의 아기 역시 새로운 물체를 학습할 때 그 물체의 주변에 있는 풍부하고 복잡한 시공간적 맥락을 같이 학습한다고 알려져 있습니다. 실험 결과, 6~10개월 정도의 영아들은 자신이 찾아야 하는 물체가 익숙한 환경(예: 늘 보던 장난감 상자가 있던 방의 구석)에 놓여 있을 때 더 빨리 찾는다고 합니다. 이와 반대로, 같은 물체를 새로운 맥락에 놓고 찾으라고 하면 더 오래 걸린다고 합니다. 심지어 3~6개월 된 영아에게 발을 이용해서 자신의 아기용 침대에 설치된 신생아용 모빌mobile 장난감을 켤 수 있게 학습시킬 수가 있는데, 이때 아기는 자신이 해당 학습을 했던 환경(자신의 침대와 방)에서 기억을 더 오래 유지했고, 환경이 바뀌면 발로 차서 모빌을 작동시킬 수 있다는 것을 더 쉽게 잊어버렸다고 합니다. 또한, 두 살 된 유아의 뇌의 활동을 알아보기 위한 MRI를 이용한 실험에서는 자신이 아는 자장가가 들릴 때 자신이 모르는 자장가가 들릴 때보다 자면서 해마의 활동이 더 활발하다는 것이 보고된 바 있습니다. 더 놀라운 것은 자신이 자장가를 들었던 장소나 자장가를 들었을 때 옆에 있던 장난감을 더 잘 기억하는 아이일수록 MRI 내에서 자장가를 들려

주었을 때 해마의 활동이 더 높게 나타난다는 것입니다. 즉, 맥락 정보를 강하게 처리하는 해마를 가진 아이일수록 해마의 활동이 높았다는 뜻입니다. 이는 태어난 지 얼마 안 된 아기의 뇌도 이미 세상의 사물과 상호작용하며 학습할 때 주변에 무엇이 있는지 주변 맥락 정보를 모두 고려하여 자신의 행동을 결정한다는 것을 보여 주는 놀라운 뇌인지과학적 실험 결과입니다.

(17)

경험을 만드는
스토리텔링과 프레이밍

Perfect Guess

뇌는 경험을 통해 학습합니다. 경험은 다양한 방식으로 이루어집니다. 자신이 직접 겪는 경험이 아마 우리 뇌의 가장 많은 경험적 학습을 담당하겠죠. 하지만 자신이 직접 부딪혀 겪는 일상 속의 경험 외에도 자신이 직접 경험한 것과 비슷한 효과를 거둘 수 있는 여러 가지 형태의 학습이 있습니다. 그중에 사람들이 가장 많이 접하는 몇 가지를 꼽아 보면 책 읽기, 영화 보기, 다른 사람과 대화 나누기 등이 있을 것입니다. 유튜브를 포함한 각종 소셜미디어를 통해 짤막한 영상을 보거나 SNS나 블로그에 올라온 글을 읽는 것도 비슷한 학습의 방법입니다. 이 모든 경험적 학습 매체들의 공통점은 무엇일까요? 여러 가지가 있을 수 있지만 아마도 가장 중요한 것은 '이야기story'를 통해 학습을 이끌어 낸다는 점입니다. 이를 영어로는 흔히 스토리텔링storytelling 이라고 말합니다.

영화를 보고 나면 재미있었던 영화와 재미없었던 영화를 구분하게 될 것입니다. 소설 역시 읽다가 재미가 없어서 더 이상 읽지 않게 되는 책이 있는가 하면, 한번 읽기 시작하면 너무 빠져들게 되어서 시간 가는 줄 모르고 단숨에 끝까지 다 읽게 되는 그런 책이 있습니다. 상업적 광고나 공익 광고 등에도 대부분 스토리텔링이 들어 있지요. 아주 짧은 시간에 사람들의 관심을 집중시키고 해당 광고가 알리고자 하는 내용을 효율적으로 전달하면서 사람들의 뇌에 기억으로 각인시키기 위해 여러 가지 기술이 동원됩니다. 이 모든 매체에서 가장 중요하게 생각하는 것은 '어떤 스토리가 들어 있는가'와 '어떻게 그 스토리에 사람들이 주의를 집중해서 경험하게 하고, 경험한 것을 오랫동안 기억할 수 있게 만드는가'입니다. 이를 천재적으로 하는 사람들이 유명한 소설가, 시나리오 작가, 영화감독, 광고제작자, 방송 PD 등이 됩니다. 매체를 통해 스토리텔링이 이루어지는 콘텐츠에 대중의 뇌가 집중해서 몰입적 경험immersive experience을 하게 만들기 위해 반대편에서는 특정한 방식으로 매체를 만드는 또 다른 뇌가 존재하는 것이죠.

❖

그렇다면 사람들은 어떤 스토리에 매료될까요? 이 질문에는 다양한 대답이 나올 것 같습니다. 아마 어떤 이야기에 몰입되어 손에 땀을 쥐며 머릿속으로 이야기 전개를 따라가 본 경험이 적어도 한 번은 있을 것입니다. 우리 뇌에서 공간과 시간을 걸쳐 펼쳐지는 사건의 전개를 기억하는 데 가장 중요한 영역은 해마입니다. 사실 해마에서 어떤 스토리텔링을 따라가지 못하면 그 이야기에 몰입하거나 나중에 그 이야기를 잘 기억하거나 하는 일은 발생하지 않을 가능성이 높습니다. 해마는 공간과 시간, 그리고 그 안에서 여러 사물이나 사람 등이 만들어 내는 맥락적 정보를 하나로 묶어 마치 한땀 한땀 뜨개질을 해서 스웨터를 만들듯이 일화기억episodic memory을 만들어 냅니다. 이런 점에서 일화기억은 '사건기억event memory'이라고 해도 무방합니다. 해마를 장악하고 몰입시키면 자연스럽게 어떤 스토리에 빠져들게 할 수 있을 것입니다. 그리고 해마 연구에서 오랫동안 실험을 통해 밝혀진 시공간적 맥락효과를 이용하면 그리 어렵지 않게 해마가 스토리에 빠져들게 만들 수 있을 것입니다. 해마가 왜 일화기억을 형성할까요? 중요한 이유는 이 기억을 바탕으로 앞으로 벌어질 일을 '추론'하기 위해서입니다.

❖

해마의 이런 추론 요소를 생명처럼 여기는 장르가 있습니다. 바로 추리소설 장르입니다. 사실 스토리 창작을 하는 직업을 가진 대부분의 사람들은 이런 기법에 대해 잘 알고 있습니다. 프로페셔널 소설가나 시나리오 작가 등은 자신이 의도한 특정 방식으로 독자나 시청자의 뇌가 공간과 시간의 변화를 좇아 스토리를 따라가도록 통제하고 싶어 합니다. 이것을 내러티브narrative라고 표현하기도 하죠. 대개의 경우, 특정한 방식으로 이야기가 흘러가도록 만듦으로써 보는 사람의 해마가 학습을 통해 경험적 기억을 형성하게 만들면 이렇게 형성된 해마의 일화기억에 의해 독자나 시청자의 해마는 다음 이야기나 장면을 어떻게든 먼저 추리하려고 노력합니다. 이것은 해마의 자연스러운 기능입니다. 작가가 극적인 반전을 원할 경우 이처럼 어느 부분까지 스토리를 따라오면서 형성된 경험적 일화기억에 의존하는 추측과 정반대되는 놀라운 요소를 스토리에 집어넣곤 합니다. 이런 식으로 하면 갑자기 보는 사람의 주의를 끌며 집중하게 만들 수 있는데 특히 추리소설이나 할리우드 영화에서 이런 기법이 많이 쓰입니다. 즉, 보는 이의 해마가 특정 맥락에 있다고 생각할 수 있도록 프레이밍 혹은 맥락을 잘 짜서 전개한 후 갑자기 그 맥락을 벗어나는 이야기를 전개해 나가는 것입니다. 이러한 요소가 도입되면 자연스럽게 해마는 다시 어떤 맥락인지를 파악해서 학습하려고 더 노력하게 되고 더 몰입하는 경험을 하게 됩니다.

이러한 기법을 많이 썼던 대표적인 작가 중에 추리소설의 여왕이라고 불리는 애거사 크리스티가 있습니다. 아마 『오리엔트 특급살인』이나 『그리고 아무도 없었다』 등의 유명한 작품을 책이나 영화로 한 번쯤 보셨을 것입니다. 애거사 크리스티는 반전을 스토리텔링에 넣어서 사람들의 관심을 끌고 손에 땀을 쥐게 하는 기법을 자주 썼습니다. 어느 정도까지 스토리를 따라가면서 일화기억을 형성하고 앞으로의 이야기가 어떤 식으로 전개될 것이라는 추측 혹은 상상을 하게 만든 후 갑자기 해마의 맥락적 상상과는 맞지 않는 반전 요소를 등장시킵니다. 애거사 크리스티는 당시로서는 작가들이 잘 시도하지 않았던 반전 기법을 처음 적극적으로 쓰기 시작한 작가로 명성을 떨쳤습니다. 이런 추리소설을 읽다 보면 독자는 새로움 혹은 놀라움을 경험하며 이야기에 더욱 빠져들게 되고 해마의 왕성한 학습을 이끌어 내는 애거사 크리스티식 추리 기법에 매료됩니다.

✣

영화계에서는 1996년에 만들어진 〈유주얼 서스펙트The usual suspects〉라는 영화가 역사상 반전의 묘미를 가장 잘 보여 주는 영화 중 하나로 손꼽힙니다. 영화의 제목 '유주얼 서스펙트'라는 말 자체가 특정 범죄가 벌어지면 해당 범죄를 저질렀을 것으로 가장 쉽게 예측 가능한 전과자나 용의자를 말합니다. 즉, 맥락상 당연히 추측이 가능한 범인 후보라고나 할까요? 이 영화는 미국 로스엔젤레스의 항구에서 벌어진 대규모 범죄 사건을 수사하는 연방 수사관 데이브 쿠얀이 범인을 취조하는 장면으로 시작합니다. 그 대규모 범죄 사건에서 살아남은 유일한 용의자인 버벌 킨트라는 인물은 '유주얼 서스펙트'로 몰린 자신과 다른 4명의 범죄자들이 어떻게 사건에 연루되었는지를 이야기합니다. 자신들이 모두 카이저 소제라는 범죄 조직의 두목에게 협박당했고, 카이저 소제가 시킨 일을 하다가 항구에서 총격전에 휘말렸다고 진술합니다. 당시에는 무명 배우에 가까웠던 케빈 스페이시가 버벌 킨트 역을 맡아 열연했었죠. 절름발이에 누가 봐도 범죄 두목으로는 도저히 보이지 않는 연약해 보이는 버벌 킨트가 바로 카이저 소제였다는 충격적인 반전이 영화의 마지막에 공개됩니다. 버벌 킨트가 경찰서를 나가면서 절뚝거리다가 경찰서를 충분히 벗어난 지점에서 멀쩡하게 걸어가며 담배를 물고 불을 붙이는 장면은 소름이 끼칠 정도입니다. 뇌의 해마가 그 시점까지 내놓았던 맥락적 추측이 보기 좋게 무너지는 경험을 하게 만든 거죠. 그야말로 탈맥락적인 사건이 눈앞에 펼쳐집니다. 이때 영화를 보고 있던 해마는 깜짝 놀라서 사건에 집중하게 되고 버벌 킨트, 아니 카이저 소제가 경찰서에서 나오기 전까지의 모든 일을 다시 되짚어 기억해 봅니다. 이 순간이 바로 여러분의 해마가 이전의 시간과 공간을 넘나들며 저장했던 일화기억들을 현재의 맥락(버벌 킨트가 곧 카이저 소제였다!)에 맞게 다시 짜맞추려는 노력을 부지런히 하는 순간입니다.

(**18**)

연습을 실전처럼 해야 하는 이유

Perfect Guess

해마가 학습했던 내용을 다시 기억 속에서 꺼낼 때 맥락 정보가 매우 중요하고 해마는 이 맥락적 기억에 특화되어 있다는 주장을 처음으로 한 인물은 1970년대 초반 미국 캘리포니아 공과대학California Institute of Technology의 리처드 허쉬Richard Hirsh라는 학자였습니다. 허쉬의 이론을 이해하기 위해서는 '행동주의behaviorism'라는 학파에 대해서 알아야 합니다. 1970년대 초까지만 해도 1920년대부터 한창 대세를 이루던 학문적 이론인 행동주의가 심리학에서 꽤 큰 영향을 미치고 있었습니다. 행동주의란 쉽게 말하면 뇌에서 일어나는 정신작용은 (당시의 기술로는) 어차피 객관적으로 실험을 통해 규명한다는 것이 불가능하므로 뇌를 안에서 무슨 일이 벌어지는지 알기 어려운 블랙박스로 취급하고, 대신 뇌가 받아들이는 자극stimulus과 반응response의 관계를 면밀히 살펴 둘 간의 관계 혹은 함수function를 찾아내는 실험에 집중하는 것이 과학으로서의 심리학에 훨씬 더 적합하다는 주장을 펼친 학파입니다. 즉, 객관적이고 정량적으로 측정할 수 있는 것만 심리학의 대상으로 삼고 측정하자는 것입니다. 영어로 자극의 앞글자인 S와 반응의 앞글자 R을 따서 행동주의를 S-R 심리학이라고도 부릅니다.

행동주의 실험의 대표적인 예는 조건형성conditioning 실험입니다. 예를 들어, 쥐가 전구에 불빛이 켜질 때 자신의 앞에 있는 작은 지렛대처럼 생긴 스위치를 누르면 먹이가 나온다는 것을 학습했다고 합시다. 마치 파블로프의 개가 종소리가 들리면 먹이가 나올 것을 예측하고 침을 흘리도록 조건이 형성된 것처럼 쥐에게 조건형성 학습을 시키면 쥐는 전구에 불이 켜질 때마다 먹이를 예상하며 스위치를 정신없이 누르게 됩니다. 이때 쥐는 전구의 불빛, 즉 특정 자극(S)을 뇌가 접수하면 이와 거의 일대일로 대응되어 있는 반응(R)인 스위치 누르기를 하도록 학습이 이루어진 상태입니다. 이처럼 자극-반응이 반복적인 경험을 통해 서로 뗄 수 없는 관계 맺음을 하는 것도 '연합'이라고 부를 수 있습니다. 학문적 용어로는, 이 쥐가 '자극-반응 연합학습stimulus-response associative learning'을 완수한 것입니다. 행동주의에서는 아무리 복잡해 보이는 행동도 이처럼 단순한 자극-반응 연합의 집합으로 설명할 수 있다고 주장했습니다. 행동주의의 대부였던 스키너 박사는 비둘기를 데리고 실험을 많이 했는데, 비둘기를 행동주의 원리에 의해 학습시키면 비둘기가 우주선을 운전해서 달나라에 갈 수도 있다고 호언장담했다고 합니다.

❖

하지만 이론이라는 것은 예외가 나오면, 즉 그 이론이 점점 맞지 않게 되면 과연 해당 이론이 모든 것을 설명할 수 있을까 하는 의심을 사게 됩니다. 일례로 1940년 후반에 에드워드 톨먼Edward Tolman이라는 심리학자는 쥐가 공간 내에서 특정 목표 지점으로 가는 학습을 한 이후에 자신이 학습한 길이 막히거나 다른 길이 존재하게 되더라도, 즉 S-R 연합기억이 더 이상 작동할 수 없는 환경이 되더라도 문제없이 새로운 경로를 통해 학습한 목표 지점으로 갈 수 있음을 보였습니다. 이것은 쥐의 모든 학습을 자극-반응의 기계적 연합으로만 설명하려고 했던 행동주의 이론의 보편성에 큰 돌을 던진 사건이나 마찬가지였습니다. 즉, 행동주의에서는 특정 자극과 반응의 연속된 연합 사슬chain이 무너지는 상황에서 최종 학습된 목표를 이루는 이유를 설명할 수 없었기 때문입니다.

좀 더 쉽게 설명해 볼까요? 지하철역에 내려서 목적지를 찾고 있다고 합시다. 주변의 사람에게 길을 물어보면 대개는 "저기 약국이 보이시죠? 그 약국에서 왼쪽으로 가세요. 그리고 쭉 직진하시다가 편의점이 나오면 거기서 오른쪽으로 50미터 정도 가시면 나옵니다"라는 식으로 안내합니다. 이것이 전형적인 행동주의식 학습법입니다. 여기서 약국, 편의점 등이 자극이 되고 그 자극은 좌회전, 직진, 우회전 등의 반응과 일대일로 연합되어 있습니다. 이처럼 다수의 연합기억이 마치 사슬 혹은 체인처럼 순차적으로 연결되어 나오면 목적지까지 무사히 갈 수 있게 되는 것입니다. 그럼 혹시 우리가 안내 받은 대로 약국까지 걸어갔고 약국에서 왼쪽으로 틀었는데 '공사중' 표지가 보이고 길이 막혀 있으면 어떻게 할까요? 우리 뇌의 해마는 인지지도라는 형태로 환경의 지도를 모델로 표상하고 있기 때문에, 이 지도를 활용하여 목표 지점의 상대적 위치를 유추하여 새로운 경로를 시도해 볼 수 있게 해줍니다. 톨먼의 실험에서의 쥐 역시 이런 상황을 맞이했던 것입니다. 물론 쥐는 문제없이 융통성을 발휘하여 목적지를 찾아갔죠. 그뿐만 아니라, 1956년에는 쥐가 미로 위를 직접 돌아다니는 대신 카트에 태워져 돌아다니며 외부 환경을 구경만 하더라도 그런 경험이 없었던 쥐보다 미로에서의 학습을 더 빨리 한다는 것도 알게 되었습니다. 즉, 뇌의 학습이 반드시 S-R 연합 사슬이 형성되는 식으로 이루어지는 것은 아니라는 반론이 설득력을 얻기 시작했습니다.

✣

다시 허쉬의 이야기로 돌아가 볼까요? 이처럼 행동주의의 S-R 학습이론을 삐걱거리게 만드는 몇 가지 결정적인 실험 증거들이 나오고 있던 1960년대 후반에 연구자들은 이상한 점을 발견합니다. 불이 켜지면 스위치를 누르는 간단한 조건형성 학습을 한 쥐를 원래 이것을 학습했던 방과 완전히 다른 방으로 데려와서 똑같은 불빛과 스위치를 주면서 다시 시켜 보니 이상하게 스위치를 누르는 횟수와 속도가 줄어든다는 것입니다. 불빛(S) 자극도 그대로이고 스위치(R) 누르는 반응도 그대로인데 S-R 연합학습이 된 쥐의 행동이 왜 달라진 걸까요? 연구자들은 의아하게 생각했습니다. 하지만 이때 해마에 손상을 가한 쥐는 정상 쥐의 이런 행동을 보이지 않고 주변 상황과 상관없이 원래 학습한 행동을 잘한다는 점을 알게 되었습니다. 이를 통해, 불빛-스위치 연합학습을 할 때 쥐의 뇌가 학습한 것은 S-R 연합뿐만이 아니라는 점을 알게 되었습니다. 즉, 해당 S-R 연합학습이 이루어지고 있는 주변의 모든 배경 자극(벽지, 방의 냄새, 가구들, 방 밖에서 들리는 소리 등)이 하나의 '맥락'으로, S-R 연합과 함께 뇌에 하나의 맥락 패키지로 기억되어 있다는 것을 알게 된 것입니다. 그리고 허쉬는 뇌가 특정 학습을 할 때 이처럼 배경에 존재하는 맥락을 같이 학습하는 것이 해마의 주된 기능이라고 주장했습니다. 방이 바뀌어 낯선 방에 가면 맥락이 바뀌게 되고 그렇게 되면 해당 맥락에서 최고의 퍼포먼스를 내도록 훈련된 뇌의 퍼포먼스가 영향을 받게 된다는 것을 알게 되었죠. 예를 들어, 특정 독서실의 특정 코너에 있는 책상에서만 집중하는 훈련을 한 수험생이 환경이 완전히 다른 시험 고사장에 가면 자신이 자주 가는 독서실에서 모의고사 문제를 혼자 풀었을 때 만큼 성적이 나오지 않으면 그것도 비슷한 맥락적 효과 때문이라고 볼 수 있습니다.

이러한 뇌의 맥락적 학습 원리를 알게 되면 '연습은 실전처럼'이라는 말이 얼마나 뇌인지과학적 근거를 갖고 있는 훌륭한 말인지 새삼 깨닫게 됩니다. 프로 운동선수나 음악가 등 어떠한 상황에서도 최상의 퍼포먼스를 보여야 하는 전문가들은 자신의 뇌가 학습한 기량이 어떠한 맥락에서도 흔들리지 않고 나올 수 있도록 피나는 연습을 합니다. 일반인들은 이를 '멘탈을 관리한다'라고 이야기하지만 이는 과학적인 용어라고는 볼 수 없죠. 과학적으로는 학습한 내용이 학습할 때의 특정 맥락과 너무 연합되어 그 상황에서만 가장 잘 발휘되고 상황이 조금만 바뀌면 그만큼 퍼포먼스가 발휘되지 못하는 일이 없도록 탈맥락적으로 훈련하는 것을 의미합니다. 즉, 실전처럼 연습하는 것이지요.

실제로 2008년 중국의 베이징 올림픽에서 우리나라 여자 양궁팀은 중국팀과의 결승전에서 활을 쏘는 순간에도 호루라기 소리로 소음을 내거나 고함을 지르는 비매너 관중들이 있는, 어찌 보면 예측하지 못한 맥락적 상황에서 어려운 경기를 치러야 했습니다. 비까지 내리고 어수선한 주변 상황은 분명 선수들이 선수촌에서 연습하던 상황과는 많이 다른 맥락이었지만 탈맥락적 퍼포먼스를 보이며 한국 선수들은 승리를 거뒀습니다. 하지만 이후 한국의 양궁 대표팀은 이러한 상황에 더 적극적으로 대비하기 위해 야구장에서 많은 관중이 응원과 함성 소리를 내는 가운데서 훈련하거나 일부러 소음을 발생시켜 놓고 연습을 하는 등 선수들의 학습된 기억이 맥락에 너무 좌우되지 않도록 하는 훈련을 꼭 하게 되었습니다. 이는 어찌 보면 해마의 정상적인 기능을 억제하는 훈련을 한다고도 볼 수 있습니다. 즉, 정상적 일상생활에서는 주변 맥락이 어떠했는지가 벌어진 사건을 기억하는 일화기억에 매우 중요하지만 굳이 해마가 필요하지 않은 상황에서도 자동적으로 맥락 정보를 고려하며 행동에 개입하려는 해마를 통제하는 훈련을 하는 것입니다.

(19)

우리 뇌는 왜 감정을 느끼는가

Perfect Guess

우리 뇌가 맥락 정보를 반드시 필요로 하는 이유는 환경 속에 있는 자극이나 상황이 애매한 경우 이를 지체 없이 바로 해석해서 대응 행동을 결정해야만 생존 확률이 높아지기 때문입니다. 감각과 지각을 담당하는 뇌 영역에서도 이렇게 맥락 정보를 이용해서 자극의 애매함을 해소하는 예들을 앞에서 살펴보았습니다. 또, 해마가 담당하는 맥락적 학습의 예도 앞에서 살펴보았습니다. 하지만 아마도 우리가 가장 일상생활에서 빈번하게 맥락 정보를 활용해서 애매함을 해소하는 상황은 '감정'을 맥락으로 사용하는 경우일 것입니다.

우리 뇌가 왜 감정을 느끼는지 생각해 본 적이 있으신가요? 감정도 한 가지가 아니고 여러 가지 감정을 느끼게 됩니다. 즉, 우리 뇌는 기뻤다가 슬펐다가 화를 냈다가 우울해 하다가 두려워하고 불안해하다가 좌절하기도 하고 사랑의 감정을 느끼는 등 여러 가지 감정을 넘나들며 우리를 들었다 놨다 합니다.

그렇다면 감정을 느끼지 못한다면 어떤 일이 일어날까요? 이 질문에 답하기 전에 20세기 중반에 심리학자 존 왓슨John Watson이 수행했던 유명한 실험인 '아기 알버트 실험little Albert experiment'에 대해서 살펴보려고 합니다. 이 실험도 일종의 조건형성 학습에 해당합니다. 아마 대부분 조건형성 학습이라고 하면 파블로프 박사의 개 실험을 떠올리실 것입니다. 파블로프 박사가 개에서 고기를 주면 개가 침을 흘리죠? 이때 고기는 선천적으로 그리고 무조건적으로 특정 반응을 뇌로부터 이끌어 내는 자극(S)이기 때문에 '무조건 자극Unconditional Stimulus, 줄여서 US'이라고 부릅니다. 또, 이때 개가 침을 흘리는 반응(R)은 아무런 학습이 없이도 선천적이고 무조건적으로 나오는 일종의 반사행동과 같습니다. 그래서 이런 반응을 우리는 '무조건 반응Unconditional Response, 줄여서 UR'이라고 합니다. 하지만 우리 뇌는 이렇게 타고난 무조건적인 자극-반응 관계에만 의존해서는 생존할 가능성이 희박합니다. 이 기본적인 관계를 더 확장시켜서 몰랐던 자극들과도 관계를 맺어야 세상에서 앞으로 내게 닥칠 일에 대한 예측이 더 빨라지고 정확해지기 때문입니다. 파블로프는 우리 뇌가 이것을 할 수 있음을 보였죠? 즉, 아무런 의미가 없는 종소리를 매번 고기를 줄 때마다 같이 들려주니 나중에는 고기가 없이 종소리만 들려도 개는 침을 흘렸습니다. 이때 종소리는 선천적으로 개에게 침을 흘리도록 유도할 수 있는 자극이 아닙니다. 대신, 침을 흘리게 만드는 선천적 자극(여기서는 고기)과 연합이 되어야만 비로소 침을 흘리는 반응을 이끌어 낼 수 있는 조건이 되는 자극이므로 '조건자극conditioned stimulus, 줄여서 CS'이라고 부릅니다. 그리고, 종소리에 침을 흘리는 것은 조건형성이라는 학습을 통해 획득된 반응이므로 '조건반응conditioned response, 줄여서 CR'이라고 부릅니다. 여러분 주변에도 수많은 자극들이 알게 모르게 여러분의 뇌에 조건자극으로 학습이 이미 되어 있어서 여러분으로 하여금 다양한 조건반응을 하게 만들고 있을 겁니다. 어렸을 때 배가 고플 때 부엌에서 압력밥솥의 추가 흔들리는 소리가 나면 입에 침이 고이는 경험을 해 본 사람은 아마 나의 뇌가 파블로프의 실험에 참여한 개의 뇌와 그리 다르지 않다는 것을 알 수 있을 겁니다.

✣

다시 왓슨 박사의 아기 알버트 실험 이야기를 해 볼까요? 왓슨 박사는 갑자기 커다란 소리가 나면 아이들이 깜짝 놀라는 반응을 보인다는 점에 착안하여 실험하게 되었습니다. 조건형성 학습의 관점에서 보자면 이때 커다란 굉음은 무조건 자극이고 '아이 깜짝이야!'라고 큰 소리를 내며 순간 피하는 듯한 몸짓을 보이는 것은 무조건 반응이겠죠. 마치 파블로프 실험의 개에게 종소리를 통해 침을 흘리는 반응을 유도해 내듯이 왓슨 박사는 조건형성을 통해 알버트라는 아이가 선천적으로 무서워하지 않는 대상을 굉음과 조건형성 학습을 한 이후 무서워하게 되는지 실험해 보고 싶었습니다. (현대의 실험 윤리 규정에 따르면 이런 실험은 윤리적으로 문제가 있기 때문에 절대 허락이 되지 않았겠지만, 1920년대 당시로서는 가능한 실험이었나 봅니다. 9개월 된 아기에게 실험한 것이니 지금은 문제가 될 수 있는 실험이죠.) 실험은 다음과 같이 진행되었습니다. 실험실에서 자주 사용되는 흰쥐와 알버트가 같이 놀도록 일단 놔둡니다. 사실 대부분의 사람들은 쥐나 뱀을 무서워하거나 기피합니다. 하지만 사람들이 이들 동물을 선천적으로 무서워하는 것은 아니고 이러한 동물에 대한 공포는 (대개 부모에 의해) 후천적으로 학습된 것들이 대부분입니다. 따라서 알버트와 같은 아기나 어린아이들은 대부분 쥐를 무서워하지 않고 쥐도 사람에게 굳이 적대적으로 굴지 않습니다. 이렇게 흰쥐와 놀고 있는 알버트 뒤에서 알버트가 쥐를 만질 때마다 갑자기 쇠로 된 막대를 망치로 세게 쳐서 굉음을 들려주었더니 알버트는 울면서 쥐를 무서워하기 시작했다고 합니다. 마침내 굉음을 들려주지 않고 흰쥐와 같이 있게 해도 이제 조건형성이 이루어진 알버트는 쥐를 기피하고 무서워했다고 합니다. 아마 알버트는 이제 조건형성된 자극인 흰쥐와 똑같이 생기지 않았더라도 흰쥐와 비슷한 동물이나 물체만 보아도 겁을 먹고 피하는 행동을 할 것입니다.

아기 알버트에게 왓슨이 했던 윤리적으로 부적절한 실험은 우리가 잘 아는 '외상후 스트레스 장애Post-traumatic stress disorder, 줄여서 PTSD'를 초래하는 학습 상황과 매우 흡사한 상황을 만들어 뇌에게 비슷한 학습을 시킨 것이라고 볼 수 있습니다. PTSD는 죽음 직전에 갔다고 느낄 만큼 공포스럽거나 충격적인 경험을 한 경우, 그러한 충격을 초래한 상황이나 사물, 사람과 같은 외부 환경의 자극뿐만 아니라 그와 조금이라도 비슷한 자극에도 회피 행동이 전방위적으로 나타나 정상적인 생활 자체가 어려운 장애입니다. 뇌가 안전하게 있기 위해서 애매하면 무조건 피하고 보는 전략을 택한 것이라고도 볼 수 있죠. PTSD를 겪는 사람의 뇌에서는 보통 사람들의 뇌에 존재하는 특정 사물 혹은 상황과 결부된 부정적 맥락의 범위보다 훨씬 큰 비정상적 일반화가 일어납니다. 우리 뇌는 애매한 자극을 해석하고 이에 대한 행동을 빨리 결정하기 위해 감정이라는 매우 강력한 맥락을 사용하는데, PTSD를 겪는 사람은 애매하지 않은 자극도 모두 이렇게 맥락을 덮어씌워 해석하는 것이죠.

인간을 포함한 모든 동물은 매우 복잡한 행동을 하는 것 같지만 어떤 상황이나 대상을 마주쳤을 때 크게 두 가지 행동을 합니다. 뇌인지과학에서는 이를 '접근approach' 행동과 '회피avoidance'

행동이라고 부릅니다. 아마 여러분이 하는 모든 행동도 이 두 가지 범주의 행동 중 하나로 분류 가능할 것입니다. 어떤 대상을 마주했을 때 그 대상에게 접근할 것인지 아니면 그 대상을 피할 것인지는 대부분 그 대상에 대한 학습의 결과로 뇌에 남은 기억에 의해 좌우됩니다. 특히 그 기억과 연합되어 있는 감정이라는 맥락 정보가 큰 역할을 하죠. 자신이 너무 좋아하는 대상이나 물건이 시야에 들어온 경우는 당연히 그 대상에 빨리 접근하려고 합니다. 반대로 자신이 싫어하거나 두려워하는 대상이나 물건이 감지된 경우는 빨리 그 장면을 피해 다른 곳으로 가려고 합니다. 이는 뇌의 생존 본능이라고도 할 수 있습니다. 심지어는 자신이 마주친 대상이 기억 속의 그 물체나 사람과 완벽히 일치하지 않더라도 감정이라는 맥락 정보는 즉각적인 행동이 가능하게 해줍니다. 자극의 애매함을 맥락적 추측으로 극복하게 해주는 것이죠. 특히 부정적인 감정과 결부되어 피해야 하는 대상에 대한 행동은 생존과 직결되므로 애매하더라도 비슷하면 피하고 보는 게 안전합니다. 화가 많이 나 있는 사람이 근처에 있다면 분노가 가라앉을 때까지는 다가가지 않는 게 좋다는 것은 누구나 경험적으로 알고 있습니다. 왜 그럴까요? 그 분노에 찬 사람이 현재 마주치는 모든 대상에 분노라는 맥락을 씌워 화를 낼 것 같다는 생각을 은연중에 하기 때문입니다. 마찬가지로 기분이 아주 좋은 상사를 보면 평소에 하기 어려웠던 제안이나 의견 개진을 해보려고 접근하기도 합니다. 우리 뇌는 이렇게 다른 사람과의 상호작용을 할 때 상호작용의 대상인 상대방이 어떤 감정 상태에 있는지를 파악하려고 부단히 노력하는데, 그 이유는 바로 맥락에 맞는 행동을 결정하기 위해서입니다. 하지만 PTSD를 겪는 사람의 뇌는 이처럼 접근과 회피가 균형 잡힌 뇌가 아니라 회피를 극대화하고 접근을 최소화하는 뇌입니다. 하지만 이렇게 모든 것을 피해 다니는 회피 전략만 가지고 적응적인 생활을 할 수는 없습니다. 우울한 감정이 너무 오래 지속되면 세상 모든 것이 덧없게 느껴지고 아무것도 하고 싶지 않고 자극에 반응하지 않게 되는 것 또한 감정이라는 맥락이 접근과 회피 행동의 밸런스를 병적으로 무너뜨리는 경우에 해당할 것 같습니다.

✣

이제 도입부에서 던졌던 질문인 '감정을 느끼지 못한다면 어떻게 될까요?'에 답하는 것은 그리 어렵지 않습니다. 뇌가 감정을 처리할 수 없다면 내 주변의 사람 혹은 사물과 상호작용할 때 정보처리의 큰 흐름을 미리 정해 줄 강력한 예측 도구를 잃어버리는 것입니다. 시리나 빅스비처럼 인공지능이 탑재된 스마트폰의 개인 비서 앱이나 요즘 유행하는 챗-GPT와 같은 챗봇과 대화를 나누어 본 적이 있으신가요? 음성이나 글로 대화를 나누다 보면 대화 상대인 기계와 정서적인 유대나 친밀감이 느껴지나요? 아마 그렇지 않을 것입니다. 지금의 인공지능 기술로는 대화하고 있는 인간의 감정을 파악해서 그 감정 맥락을 자신의 정보처리에 반영하는 것이 불가능합니다. 하지만 미래에는 이러한 챗봇이나 인공지능 비서가 나올 것이라고 생각합니다. 마치 영화 〈그녀Her〉에 나온 인공지능 컴퓨터처럼 자신의 주인이 감정적으로 기쁜 상태인지 우울한 상태인지 등에 따라 대화의 소재를 고르거나 해야 하는 작업을 다르게 선택하고 심지어 현재의 감정상태에 맞는 음악을 즉석에서 작곡해서 들려주기도 하는 발달된 인공지능이 반드시 나올 것이라고 봅니다. 이런 인공지능이 필요한 이유는 인간과 지금보다 더 긴밀하게 소통하기 위해서는 감정이라는 맥락을 빨리 파악하고 그에 맞는 상호작용을 해야 하기 때문입니다. 영화 〈그녀〉에서 처음 컴퓨터에 해당 운영체제를 설치할 때 AI 설치 가이드가 주인공에게 어머니와의 관계가 어땠는지 물어보는 장면이 나옵니다. 이때 주인공이 약간 머뭇거리면서 빨리 말을 못 하죠. 컴퓨터는 대답을 듣지도 않고 다음 질문으로 넘어가는데 이는 이 사람의 목소리와 머뭇거림 등의 미묘한 감정 자극들을 가지고 이미 감정적으로 상대방이 어떤 상태이고 그런 감정은 엄마와의 어떤 기억에 근거를 두고 생겨난 것인지를 인공지능 컴퓨터가 알고 있기 때문입니다. 이렇게 하면 마치 지금의 고객센터에 전화하면 끝도 없이 메뉴를 말하며 사람을 이리저리 지루하게 끌고 다니는 컴퓨터 프로그램과 달리 미묘한 감정 상태 파악 하나만으로도 고객의 상태에 대한 많은 정보를 한번에 파악할 수 있습니다. 그리고 그러한 맥락 정보는 이후 이어질 질문 중 맥락에 맞지 않는 쓸모없는 질문들을 다 버리게 함으로써 시간을 많이 절약하게 해줄 것입니다. 사람도 자신과 잘 맞지 않는 사람과는 같이 있고 싶어 하지 않죠. 하물며 내 감정을 전혀 파악하지 못하고 소통하는 것을 인내하며 기계와 자발적으로 소통하고 싶어 하는 사람이 몇이나 될까요?

서구 사회에서는 오랫동안 감정이 흔히 이성과 반대되는 개념이라고 확고히 믿어 왔습니다. 하지만 뇌인지과학의 발달과 함께 뇌는 감정과 이성을 완전히 따로 떼어 독립적으로 처리하지 않는다는 것이 이제는 어느 정도 밝혀졌습니다. 경제학에서는 오랫동안 인간이 이성적이고 합리적으로 경제활동을 하는 존재라고 믿었지만 실제 사람들의 소비 성향을 보면 그렇지 않다는 것을 깨닫게 된 것과 비슷합니다. 즉, 기분에 따라 과소비를 하기도 하고 그렇게 어려운 상황이 아닌데도 불안하면 소비를 줄이는 뇌의 행동은 이성으로만 설명하기는 어렵습니다. 감정과 이성은 이처럼 한데 버무려진 비빔밥처럼 늘 맞물려 서로 영향을 미치기 때문에 따로 떼어 생각하는 것은 뇌인지과학적으로는 잘못된 것입니다. 우리가 의식하건 의식하지 않건 뇌는 감정이라는 매우 강력한 맥락에 영향을 받으며 그 맥락에서 상당히 많은 결정을 하고 행동을 하며 애매한 세상 속에서 최선의 추론을 하려고 매 순간 노력합니다. 그리고 이것은 인간의 행동을 이해하는 데 매우 중요한 요소입니다. 마치 전투에 나가기 직전에 군인들이나 전사들이 서로 화이팅을 외치듯이, 그리고 팀스포츠를 하는 운동선수들이 시합 직전에 서로 모여 화이팅을 외치듯이 그렇게 하나의 감정 맥락에 모두의 뇌가 '동기화synchronization'되어야만 집단으로서의 힘이 발휘되는 것을 많이 보셨을 겁니다. 팀워크가 안 좋은 팀은 모래알과 같은 이유도 감정이라는 맥락의 힘을 보여 주는 예입니다.

(20)

패턴완성과 패턴분리의 경계에서 균형 잡기

Perfect Guess

언제부터인지 우리사회에서 자신의 경험을 절대적인 기준으로 삼아 다른 사람들의 의견과 행동을 평가하고 지적하는 사람을 '꼰대'라고 부르기 시작했습니다. 젊은 꼰대도 있지만 흔히 꼰대라는 계급장을 수여받은 사람들은 직장에서는 상사, 학교에서는 선생님이나 교수, 일반적으로 젊은 사람보다는 나이 드신 분이 많습니다. 뇌인지과학자가 바라보기에는 사실 뇌에서 맥락적 의사결정이 일어나는 원리에 대한 이해가 조금만 있어도 꼰대 논쟁이나 현상은 그리 큰 논쟁거리가 아니라고 생각합니다. 보통 꼰대라고 불리는 사람들은 어떤 조직에서 중요한 의사결정을 해야 하는 위치에 있는 사람이거나 조직을 대표해서 그 조직을 바람직한 방향으로 이끌어야 하고 잘못될 경우 어떤 형태로든 그에 대한 책임을 져야 하는 사람인 경우가 많습니다. 직장 상사나 선배 직원, 중고등학교의 교사, 대학교의 교수, 매장의 매니저, 군대의 선임 등 여러분 주변의 소위 꼰대들을 떠올려 보시면 될 것 같습니다. 물론, 자신보다 사회적 위치가 이렇게 위에 있지 않더라도 흔히 꼰대 기질이 있다고 하는 동료나 후배도 있을 수 있습니다.

❖

2019년에 꼰대를 희화하여 잘 보여 준 한 금융회사의 광고가 유행한 적이 있습니다. '시대가 변했다'라는 카피로 유명해진 광고죠. 해당 광고에서는 직장의 상사가 부하 직원 몇 명을 앉혀 놓고 "나 때는 말이야…." 하고 운을 떼며 몇 가지 최근에 겪은 일화기억을 이야기해 줍니다. 커피 잔을 손에 들고 '나 때는 말이야'를 하는 상사의 커피잔에는 말이 그려져 있고 아마도 커피는 라떼인 것으로 보이죠. 그래서 '아재 개그'를 한답시고 라떼와 커피 잔에 그려진 말을 번갈아 가리키며 "라떼는 말이야" 하며 부하 직원들이 웃어 주길 바라죠. 이 상사가 털어놓는 일화기억들의 핵심은 본인의 뇌가 젊었을 때 학습했던 기억들을 바탕으로 생각하면 도저히 이해가 가지 않는 일들이 최근 자신에게 일어났거나 혹은 누군가에게서 그런 이야기를 들었다는 것입니다.

자신의 방에서 컴퓨터로 인터넷 스트리밍 채널로 방송하며 돈을 버는 조카에게 "너 취직 안 하냐?"고 물으니 조카가 "삼촌 저 지금 일하는 거예요"라고 답합니다. 삼촌인 상사는 경험기억이 말해 주는 맥락에 따라서 방에서 헤드폰을 쓰고 컴퓨터를 열심히 하는 조카의 모습은 영락없이 취직하지 못해 방구석에서 컴퓨터로 채팅이나 게임을 하는 백수라고 즉각적으로 해석해 버린 것이죠. 즉, 많은 정보가 없는 애매한 상황이지만 자신의 경험적 맥락 정보를 이용해 할 말을 선택한 것입니다. 하지만 그 맥락 정보는 여지없이 잘못된 것이고, 조카는 돈을 버는 일을 방에서 컴퓨터를 이용해 하고 있는 것이었죠. 삼촌의 뇌에는 이를 알아볼 수 있는 경험적 맥락 정보가 없었을 뿐입니다. 사실 이 광고에 등장하는 상사는 그다지 꼰대라고는 볼 수 없는데, 이 상사가 곧바로 새로운 맥락을 학습해서 조카와 같이 스트리밍 채널에서 조회수를 늘리기 위해 노력하는 모습을 보이기 때문입니다. 꼰대라고 하면 이 상황에서 "이런 게 무슨 직업이냐? 더 직업다운 직업을 가져야지" 하며 억지로 자신의 맥락에 상황을 맞추려고 일방적인 훈계를 늘어놓거나 혼을 내야죠. 그 밖에도 광고에서 며느리가 시어머니에게 "회사 밥이 잘 나오니 집에서 밥을 할 필요 없어요"라고 말하는 장면이나 직장에서 상사가 저녁을 시켜 먹으며 일하자는 뜻으로 "뭘 시켜 줄까?"라고 물어보니 젊은 직원이 재치 있게 "퇴근 시켜 주세요"라고 말하는 모습은 시어머니나 상사의 해마가 기록했던 경험적 맥락에는 없던 내용일 것입니다. 광고의 카피대로 시대가 변한 것입니다. 즉, 탈맥락적 상황이고 어떻게 반응해야 하는지 매우 애매한 상황인 것이죠. 이 광고는 이후에도 시리즈물로 제작되어 비슷하게 탈맥락적 상황을 겪는 상사의 모습을 유쾌하게 그려 냈고 큰 호응을 얻었습니다.

이와 같은 탈맥락적 애매한 상황임에도 그래도 여전히 자신의 경험을 믿으면서 "라떼는 말이야…"라고 훈계를 시작한다면 곧바로 꼰대라는 영광스러운 호칭을 얻게 됩니다. 그와 반대로 항상 자신의 경험적 기억 속에 없는 일이 벌어질 수 있음을 당연하게 생각하고 애매한 상황을 새로운 맥락으로 받아들이고 학습하려는 사람은 소위 젊게 사는 사람으로 생각됩니다.

꼰대 논쟁에서 다소 안타까운 부분은 애매한 상황에서 발휘되는 경험적 기억의 중요성이 너무 축소되어 가끔 마치 쓸데없는 것처럼 치부되는 방향으로 논쟁이 흐르는 것입니다. 나이 많은 사람이 하는 모든 말과 직위가 높거나 연배가 높은 사람이 하는 모든 말은 다 꼰대의 잔소리이며 들을 필요 없는 말로 치부되는 장면을 보면 안타깝습니다. 만약 그렇게 생각하는 사람이 있다면 뇌의 학습과 기억의 원리와 이를 활용한 생명체의 생존 원리 자체를 부정하는 것이라고도 볼 수 있습니다. 생명체가 자신의 기억을 그토록 가볍게 여기고 믿지 말아야 하는 것으로 쉽게 치부한다면 생존 자체가 위험해지며 학습은 의미가 없습니다. 꼰대는 과거 기억에 대한 믿음과 그 믿음이 형성하는 맥락 때문에 생기는 것이 아닙니다. 마치 PTSD나 우울증을 겪는 사람이 한 가지 감정이나 정서로 세상의 모든 상황과 대상을 해석해 버리고 행동을 단순화하듯이 꼰대라고 불리는 사람은 특수한 경험이나 소수의 경험적 기억들을 근거로 너무 많은 일들에 일반화 혹은 단순화를 하기 때문에 문제가 됩니다. 자신의 경험이 특수한 상황에 대한 경험일 가능성도 있고 더 많은 일들을 겪었다면 그 경험과 다른 경험이 뇌에 기억으로 형성되어 다양한 맥락적 정보처리가 가능했을 수도 있다는 생각을 하지 못하는 것이죠. 하지만 어떤 분야에 소위 베테랑이라고 불리는 사람들의 다양하고 풍부한 경험적 기억들이 형성하는 맥락은 절대 무시해서는 안됩니다. 경험이 별로 없는 신참들의 눈에는 애매하게 보이는 상황도 이런 전문가들의 눈에는 이미 경험을 통해 학습한 분명한 케이스로 보일 수 있으며 따라서 그에 대한 반응 양식이나 전략이 매우 구체적으로 떠오를 수 있습니다. 특히 조직이 시간에 쫓겨 급한 결정을 내려야 하는 순간에 이런 전문가들의 경험에서 우러나오는 판단은 조직의 사활을 가를 수도 있을 만큼 중요할 수 있습니다.

❖

사실 꼰대라는 말은 고정관념stereotype이나 편견bias을 가진 사람이라는 말과 종이 한 장 차이라고도 볼 수 있습니다. 고정관념 혹은 편견은 '특정한 사물이나 대상 혹은 상황이 당연히 어떠할 것이다'라고 경험도 하기 전에 해석을 내려 버리는 것을 의미합니다. 이는 뇌의 강력한 맥락적 정보처리의 대표적인 예라고도 볼 수 있습니다. 앞으로 벌어질 일에 대한 애매함을 기존의 자신의 기억을 가지고 즉각적으로 해소해 버림으로써 미래에 대한 불확실성을 없애고 행동을 더 뚜렷하고 자신 있게 할 수 있게 되는 것입니다. 이미 학습한 경험에 대한 맹신에서 정보처리의 오류가 시작된다는 점에서는 꼰대의 뇌 상태와 그리 다르지 않습니다. 환경에서 벌어질 일과 마주칠 대상에 대한 예측 가능성을 높여 의사결정의 속도와 효율성을 높이는 것이 학습으로 기억을 형성하는 주된 이유 중 하나라는 점을 인정한다면, 뇌가 미리미리 사태를 예측하기 위해 관련된 경험을 끌어와서 해석을 내리고 대비하는 것은 비난할 일은 아닙니다. 문제는 편견이나 고정관념, 그리고 진정한 꼰대의 정보처리는 뇌의 경험에 존재하지 않는 새로운 것이 나타날 수 있다는 매우 그럴듯한 가능성과 뇌는 끊임없이 새로운 것을 학습해야 적응하고 생존할 수 있다는 자연의 섭리를 무시한 인지적 게으름에서 나온다는 지점입니다. 자신이 상사이고 따라서 부하 직원은 자신의 말을 들을 수 밖에 없다는 위계적인 관계를 알고 있기 때문에 굳이 부하 직원이 보여 주는 탈맥락적 상황을 새롭게 학습하지 않아도 본인은 괜찮다는 게으름과 자만이 진정한 꼰대 상사의 인지적 정보처리의 밑바닥에 존재합니다. 이런 상사들이 많이 포진해 있는 기업은 절대 새롭게 변화하는 환경에 적응할 수 없고 생태계에서 도태될 수밖에 없습니다.

앞서 해마에 대한 소개를 할 때 해마 신경망은 '패턴완성'과 '패턴분리'라는 정보처리를 한다고 이야기한 바 있습니다. 특히 패턴완성은 흔히 말하는 '일반화'에 해당된다고도 설명했습니다. 해마는 특정 상황 혹은 사건을 마주하면 현재 내가 경험하고 있는 이 상황이 과거에 내가 경험했던 기억 속의 그 사건과 얼마나 유사한 사건인지를 즉각적으로 검색합니다. 그 유사도가 높다고 계산되면 아 저건 내가 경험한 그 기억을 가지고 해석하고 대응하면 되겠다라고 해마가 판단하고 일화기억의 매뉴얼대로 대응하기 위해 관련 뇌의 영역들과 연대해서 대응하게 됩니다. 이것이 소위 일반화이고 패턴완성입니다. 하지만 기억 속에 들어 있는 내용과 유사도가 매우 낮은 경우는 패턴분리가 이루어져야 하고 '이건 내 기억 속에 전혀 없는 내용인데? 새롭게 학습해서 기억을 형성해야겠다' 하고 해마가 반응하는 것이 정상입니다. 물론 패턴완성을 해야 하는 상황인지 패턴분리를 해야 하는 상황인지가 매우 애매한 경우가 있고 이럴 경우는 랜덤하게 어느 한쪽을 선택하고 행동한 뒤 그 결과를 보는 수밖에 없습니다. 해마의 정보처리의 핵심 중 하나인 이 패턴완성과 패턴분리의 경계가 어디에 있는가는 사람마다 다를 것입니다. 아마도 그 사람이 해당 사건과 비슷한 사건을 얼마나 경험해 봤는가와 그 경험으로부터 얻은 피드백(전통적 단어로는 교훈)을 얼마나 뇌가 잘 학습해서 신경망을 정교하게 만들어 놓았는가에 따라 개인차가 있을 것 같습니다. 전쟁에 참가했던 베테랑 장수는 자신의 사건기억 혹은 일화기억에서 크게 벗어나는 전투 장면이라는 것이 그리 많지 않겠죠? 이런 장수의 뇌의 해마는 다분히 패턴완성형 해마처럼 작동할 것입니다. 하지만 실전 경험이 한두 번밖에 없는 초보 장수라면 기억 속에 그 사례를 찾을 수 없는 새로운 사건을 많이 경험하게 될 것이고 패턴분리형 해마로서 한동안 해마가 작동할 것입니다. 물론 나이가 많다고 해서 무조건 경험이 풍부하고 많은 것은 아닙니다. 평생 한 가지 고정된 경험만 한 사람은 나이가 아무리 많더라도 다양한 사건을 해석하기 위한 역동적인 맥락적 정보처리가 어려울 것입니다. 반대로 나이가 어린 사람도 그 나이 또래에 비해 많은 경험을 한 사람은 패턴완성과 패턴분리의 경계가 또래의 해마에 비해 다르게 설정되어 있을 가능성이 높습니다.

❖

결국 누군가가 꼰대냐 아니냐는 그 사람이 뇌가 경험적으로 판단해야 할 상황을 기억을 활용해서 얼마나 정밀하게 판단하고 있는지 여부와 새로운 상황을 자주 마주치려고 노력하면서 패턴완성과 패턴분리의 경계 설정을 적응적으로 하고 있는지, 혹은 그렇게 노력하는 모습을 보이는지 여부에 따라 결정된다고 볼 수 있습니다. 앞서 말한 바와 같이 이는 절대적인 나이와 상관이 있다기보다는 경험에 대한 믿음의 정도와 관련이 있습니다. 마치 PTSD를 겪은 뇌처럼 트라우마로 남을 만한 사건기억이 있거나 우연히 거액의 복권에 당첨되었을 때만큼 뇌에서 엄청난 도파민이 분비되는 희열을 주었던 사건기억이 있는 경우, 특수하고 희소한 사건임에도 불구하고 우리 뇌는 환경에서 벌어지는 모든 일들을 그 사건을 중심으로 처리하려는 경향이 있습니다. 아마 TV 드라마나 영화에서 정말 꼰대스러운 사람이 답답하게 그려지면서 주변 사람들과 마찰을 빚는데, 알고 보니 그 사람에게 그렇게 자신의 경험을 맹신할 만큼 아픈 과거의 일화기억이 있었다는 것이 알려지면서 그 사람을 이해하는 스토리가 전개되는 것을 본 적이 있으실 겁니다.

어렸을 때 보았던 〈스타트랙Star Trek〉이라는 미국의 공상과학 TV 시리즈가 있었습니다. 여기에 스팍Spok이라는 인물이 나오는 데 스팍은 감정이 전혀 없이 모든 정보처리를 마치 컴퓨터처럼 이성적으로 하는 벌컨Vulcan족과 인간의 혼혈아로 태어났습니다. 순수 벌컨족보다는 감정이 어느 정도 있지만 인간에 비해서는 감정이 메마른 외계의 종족인 셈이죠. 스팍은 인간 동료나 상사가 자신들의 과거 경험이 야기하는 감정이라는 맥락에 의해 판단이 흐려진 상황에 자주 등장했습니다. 그리고 해당 상황이 패턴완성 상황이 아닌데 인간들이 과하게 반응한다는 것을 신랄하게 이야기해 줍니다. 이를 듣는 사람은 처음에는 기분이 나쁘지만 결국 자신이 그런 인지적 정보처리의 오류를 범하고 있다는 것을 깨닫게 되죠. 아마도 우리 주변에 스팍 같은 외계 동료나 인공지능 비서가 생긴다면 꼰대 논쟁은 사라질지도 모르겠습니다.

(21)

해마 학습으로 완성한 일화기억의 세 가지 요소

Perfect Guess

누군가 내게 갑자기 어제 아침에 있었던 일을 좀 말해 달라고 요청했다고 가정해 봅시다. 어제 잠자리에서 일어나서부터 점심을 먹기 전까지 일어난 일을 모두 말해 줄 수 있을까요? 해마가 정상적으로 기능하는 사람이라면 그리 어렵지 않게 이야기해 줄 수 있을 것입니다. 예를 들어 다음과 같이 대답할 수 있을 겁니다. "아침에 스마트폰 알람 소리를 듣고 일어나서 정신을 차리고 강아지를 데리고 나가서 산책을 했습니다. 어제는 특히 산책하고 있는데 고양이가 나타나서 강아지가 갑자기 고양이를 쫓아가려고 하는 바람에 목줄을 잡고 좀 실랑이를 했습니다. 산책을 하고 집에 다시 와서 시리얼을 아침으로 먹고 집에서 나왔죠." 해마가 기능적으로 매우 우수한 사람이라면 이것보다 훨씬 자세히 설명할 수 있을 것입니다. 예를 들면 고양이가 어느 장소에서 튀어나왔고 그때 고양이와 내 강아지의 거리는 얼마 정도였고 고양이는 무슨 색깔에 무슨 무늬가 있었는지 등등 매우 자세히 기억의 내용을 기술할 수 있겠지요. 해마를 중심으로 형성되었다가 필요할 때 떠올릴 수 있는 이런 종류의 기억을 일화기억이라고 하죠. 여기서 일화기억의 한 가지 큰 특징을 눈치채셨나요? 바로 기억을 다시 꺼낼 때, 즉 인출retrieval할 때 사건이 발생한 '시간 순서'에 따라 인출된다는 것입니다. 꼭 그렇게 시간 순으로 찾아내지 않아도 특정 사건을 떠올릴 수는 있으나 시간 순으로 검색하는 것이 훨씬 자연스럽고 더 많은 정보를 더 자세히 빼낼 수 있게 됩니다. 이것을 '시간적 맥락temporal context'이라고 부를 수 있습니다.

일화기억을 담당하는 해마는 뇌 속의 타임머신이라고 생각할 수도 있습니다. 타임머신이라고 하면 대개는 과거로 돌아가는 것만을 연상하지만 진정한 타임머신은 과거와 미래를 시간적 제약 없이 넘나들 수 있어야 하는데, 해마는 이런 의미에서 진정한 타임머신이라고 볼 수 있습니다. 왜냐하면 해마는 과거로만 시간을 되돌릴 수 있는 것이 아니라 미래에 벌어질 법한 일을 상상하고 시뮬레이션할 수 있기 때문이죠. 심리학자인 엔델 툴빙Endel Tulving은 1972년 기억이 의미기억semantic memory과 일화기억으로 나뉠 수 있으며 이 중 일화기억은 해당 기억을 소유한 사람(뇌)의 주관적인 경험에 전적으로 의존한다는 점을 강조했습니다. 툴빙의 일화기억은 의식consciousness을 소유한 인간의 뇌만 보일 수 있는 특성이며 인간 이외의 동물은 마치 일화기억처럼 보이는 유사한 종류의 기억을 소유할 수는 있으나 인간의 일화기억이 보이는 진정한 특성을 보이지 않으므로 엄밀히 말하면 일화기억이라고 보기 어렵다는 주장을 했죠. 즉, 학창시절 친구와 야구장에 갔던 특정 일화기억을 떠올린다고 해봅시다. 그러면 나는 의식적으로 그 시절로 돌아가려는 의지를 갖고 있습니다. 그리고 마치 타임머신을 타고 그 시절로 돌아가듯 그 시절의 기억 중 특정 시간으로 돌아간 후 거기서부터 동영상을 틀 듯이 순차적으로 기억을 꺼내게 됩니다. 특정한 시간적 맥락에 나의 뇌를 위치시킬 수 있는 것이죠. 중요한 것은 이렇게 시간여행을 하는 순간에도 나의 뇌에는 '이것은 현재의 내가 시간여행을 하고 있는 것이고 지난 기억을 다시 들춰 보는 것이지 현재 벌어지고 있는 상황은 아니다'라는 현실적 상황 인식을 하는 독립된 자아self 혹은 의식이 존재한다는 것입니다. 과거로 시간여행을 한 나의 뇌는 그때를 다시 경험하며 행복해할 수도 있고 슬퍼할 수도 있을 것입니다.

❖

툴빙에 따르면 인간 외의 동물은 과거에 경험한 사건을 토대로 학습하고 이 학습의 결과가 현재의 행동에 반영되기는 하지만 인간처럼 특정한 시간적 맥락을 찾기 위해 과거로의 시간 여행을 의식적으로 하며 지난 일을 반추하는 경험을 할 수는 없다고 합니다. 과연 그럴까요? 사실 해마의 일화기억의 속성 중 툴빙 박사가 주장하는 이 주관적이고 의식적인 체험이 인간에게만 해당하는 것인지 아닌지를 놓고 학계에서 큰 충돌이 있었습니다. 특히 진화론을 믿는 생물학자들은 생물학적 기관인 뇌가 어떻게 인간에게만 다른 동물에게는 없는 능력을 구현할 수 있다는 것인지 의구심을 갖고 있었습니다. 그러던 와중에 2000년대 초반에 영국 케임브리지 대학의 심리학과 교수인 니키 클레이튼Nicky Clayton은 까마귀과의 스크럽제이Scrub Jay라는 새가 먹이를 발견하면 바로 먹지 않고 여기저기 숨겨 놓았다가 나중에 와서 찾아 먹는다는 것을 발견했습니다. 클레이튼은 스크럽제이의 이런 행동을 이용하여 과연 포유류도 아닌 조류가 사람처럼 시간적 맥락을 기억할 수 있는지에 대한 실험을 했습니다.

스크럽제이에게 땅콩 혹은 살아 있는 벌레를 먹이로 주고 먹이를 받을 때마다 특정 장소에 먹이를 숨길 수 있도록 했습니다. 특정 장소라는 것은 냉장고에 얼음을 얼릴 때 사용하는 얼음 트레이였으며 실험 전에 스크럽제이가 먹이를 파묻을 수 있도록 모래가 가득 채워져 있었습니다. 스크럽제이는 먹이를 받으면 얼음 트레이의 특정 칸의 모래에 먹이를 파묻어 저장했습니다. 얼음 트레이의 어떤 칸의 모래를 파 보면 땅콩이 들어 있고 다른 칸의 모래를 파 보면 벌레가 들어 있겠죠. 이렇게 서로 다른 종류의 먹이를 저장하게 한 후 일정 시간이 지난 후 다시 스크럽제이를 얼음 트레이가 있는 공간에 넣어 줍니다. 이 실험에서 클레이튼은 놀라운 발견을 하게 됩니다. 스크럽제이는 당연히 신선한 벌레를 땅콩보다 더 좋아해서 우선적으로 벌레를 묻어 두었던 얼음 트레이 칸을 먼저 찾을 것 같은데 이런 행동은 벌레를 묻은 지 얼마나 시간이 흐른 뒤에 자신이 돌아왔는가에 따라 다르게 나타난다는 발견이었죠. 즉, 살아 있는 벌레를 모래에 파묻은 지 한 시간 정도 지났다면 아직 맛있게 먹을만 하므로 한 시간이 지난 뒤에 먹이 저장소로 돌아온 스크럽제이는 땅콩을 묻었던 칸보다는 벌레를 묻었던 칸을 우선적으로 방문해서 벌레를 먹는다고 합니다. 하지만 24시간이 지난 후 다시 스크럽제이를 먹이 저장소에 넣으면 이때는 이미 벌레가 상해서 먹을 수가 없다는 것을 알고 스크럽제이는 미련 없이 땅콩이 묻혀 있는 칸으로 직진한다고 합니다. 포유류도 아닌 새가 자신의 과거의 기억이 현재로부터 얼마나 시간적으로 떨어져 있는 기억인지, 즉 시간적 맥락을 고려해서 현재의 행동을 결정한다는 것은 당시로서는 다소 충격적인 결과였습니다.

클레이튼의 실험은 사실 동물이 일화기억을 가질 수 있는가에 대한 실험이었습니다. 툴빙은 어떤 기억을 일화기억이라고 부를 수 있는가 없는가는 그 기억을 떠올리는 주체가 마치 타임머신을 타고 시간여행을 하는 것처럼 주관적이고 의식적인 경험을 할 수 있는가 없는가에 달려 있다고 주장했죠. 하지만 클레이튼은 이처럼 주관적이고 측정할 수 없는 기준으로 과학적 실험을 통한 증명을 한다는 것은 불가능하다고 반박했습니다. 클레이튼은 일화기억의 과학적 정의를 하자고 주장했는데 그 핵심은 일화기억이 세 가지 요소를 반드시 빠짐없이 갖춰야 한다는 것입니다. 그 세 가지 요소는 바로 무엇을what, 언제when, 어디서where입니다. 다시 말하면 대상what, 시간when, 장소where라고도 말할 수 있습니다. 앞의 스크럽제이 실험에서 '무엇'은 땅콩이나 벌레와 같이 기억해야 하는 대상입니다. '언제'는 그 대상을 파묻은 시간에 대한 기억이 되겠죠. 그리고 마지막으로 '어디'는 땅콩 혹은 벌레를 얼음 트레이의 어떤 칸에 묻었는지 장소에 대한 기억이 될 것입니다. 이 세 가지 요소가 한꺼번에 학습되고 기억되는 것이 일화기억의 핵심이고 이 정의에 따르면 일화기억은 사람의 뇌만이 가질 수 있는 고유한 능력은 아니라는 것이 클레이튼의 주장입니다. 툴빙의 주장을 정면으로 반박한 것이죠.

◆

여러분도 어떤 일화를 떠올려 보시면서 앞의 세 요소를 모두 기억할 수 있는지 한번 시도해 보세요. 어젯밤에 있었던 작은 일화라도 괜찮습니다. 아마 공간where, 시간when, 그리고 그 시공간적 맥락에 있던 사람과 사물들what에 대한 정보를 어렵지 않게 기억해 내실 수 있을 겁니다. 공간에서 특정 사물들 혹은 사람들과 상호작용하는 사건들이 마치 영화 속의 순차적 사건들처럼 시간순으로 뇌에 기억되었다가 필요할 때 다시 그 순서로 기억에서 인출된다는 사실은 언제나 신기합니다. 사건의 시간적 순서가 뒤죽박죽으로 섞여서 제시되는 〈메멘토Memento〉, 〈펄프픽션Pulp Fiction〉, 〈이터널 선샤인Eternal Sunshine of the Spotless Mind〉과 같은 영화들을 보면 이를 어떻게든 시간 순으로 짜맞추기 위해 해마가 매우 고생할 것으로 생각됩니다. 해마의 이 특수한 기능 덕분에 우리는 기억 속의 특정 시간적 맥락(예를 들면 지난 겨울 크리스마스)으로 순식간에 이동할 수도 있고 그 시간적 맥락에 대한 기억을 토대로 미래의 행동을 계획할 수도 있습니다. 예를 들어, 퇴근 시간이 거의 다 되었을 무렵에 시내에서 누군가를 만나기로 해서 시내에 가야 한다고 생각해 봅시다. 그럼 어떤 교통수단으로 시내에 가야 할까요? 자가용도 있고 대중교통도 있고 몇 가지 선택지가 있을 것입니다. 이때 의사결정에 중요한 영향을 미치는 요소는 바로 시간적 맥락 정보입니다. 과거의 경험을 뒤져 보았을 때 퇴근 시간대에 자가용을 타고 시내로 들어가는 길이 매우 막혀서 고생했던 경험이 있는 사람은 아마도 '퇴근 시간대에는 대중교통으로 시내에 가야지'라는 결정을 내리게 될 것입니다. 장마철을 고려해서 무언가를 계획한다거나 하루의 '아침, 점심, 저녁'이라는 때를 고려해서 어떤 계획을 세운다거나 하는 우리의 행동은 클레이튼의 스크럽제이가 먹이를 숨긴 시간적 맥락을 고려해서 행동을 계획하는 것과 크게 다르지 않습니다.

4부

맥락 설계에 실패하면 생기는 문제들

(22)

인간관계라는 사회적 맥락의 어려움

Perfect Guess

지금까지 소개한 뇌의 맥락 정보는 감정 맥락을 제외하고는 외부 세계의 물리적인 자극들이 맥락을 구성하는 경우가 대부분이었습니다. 예를 들어 공간 맥락의 경우 외부 환경에 존재하며 공간 정보를 알려 주는 이정표 역할을 하는 사물들과 건물, 지형 등이 장소와 관련된 공간 맥락을 규정합니다. 시간 맥락의 경우도 사건이 발생한 시간적 순서가 자연스럽게 맥락 정보의 역할을 합니다. 감각이나 지각 역시 자연계에 존재하는 물리적 자극의 속성들이 만들어 내는 맥락이 중요합니다. 하지만 우리 뇌가 애매한 상황이나 불확실한 상황에서 사용하는 맥락 정보는 이처럼 사물에서만 오는 것은 아닙니다. 그 대표적인 예로 '사회적 맥락'이 있습니다.

사회적 맥락이란 말 그대로 사람과 사람이 같이 있을 때 형성되는 맥락을 말합니다. 당연히 혼자 있을 때는 생길 수 없는 정보입니다. 누군가와 같이 있게 되면 그것만으로 특정한 맥락이 형성되고, 그 맥락이 여러 가지 애매한 정보를 처리하는 상황에서 큰 역할을 하게 됩니다. 친한 친구들과 같이 어울리는 상황, 명절 때 친척들과 같이 있는 상황, 직장에서 직원들과 함께 있는 상황, 동창회에서 어릴 적 친구들을 만나 수다를 떠는 상황, 영화관이나 공연장에 가서 많은 사람 틈에서 영화나 공연을 감상하는 상황 등 우리는 무수히 많은 사회적 맥락을 학습하고 경험하며 이를 활용합니다.

뇌가 사회적 맥락을 처리하는 일은 그리 간단한 작업이 아닙니다. 사회적 맥락이라는 정보처리를 위해서는 일단 상대방을 알아보아야 합니다. 내가 아는 사람인지 모르는 사람인지 구별할 수 있어야 하고, 내가 아는 사람이면 구체적으로 어디서 언제 무슨 일로 만나서 알게 된 사람인지 등을 기억에 떠올려야 합니다. 이때 과거 상대방과의 상호작용이 자신의 뇌에 심어 준 수많은 경험적 지식도 같이 활성화되어야만 상대방을 어떻게 대할지 알 수 있게 됩니다. 많은 사람이 모여 있는 경우에는 여러 사람에 대한 정보를 종합적으로 고려해서 행동하고 상호작용을 해야 하므로 더욱 복잡한 정보처리가 일어날 수 있습니다. 최근 연구결과에 의하면 이처럼 사람들 간의 관계에 대한 정보를 우리 뇌에서 지도의 형태로 저장하며, 이때 앞에서도 보았던 해마의 '인지지도'가 동원된다고 합니다. 우리가 자신이 사는 도시의 모든 개별적인 장소들 사이의 관계 정보를 인지지도로 저장하듯이 사람들 간의 관계를 비롯하여 지도의 형태로 표시할 수 있는 모든 관계 정보에 해마가 관여한다는 비교적 새로운 주장입니다.

❖

생각해 보면 우리가 잘 아는 도시나 지형에 대한 지도와 사람들 간의 관계를 나타내는 사회적 인지지도social cognitive map는 서로 매우 닮았습니다. 지도라는 것은 정보를 표상representation하는 형식입니다. 표상이라는 말이 좀 어려운데요, 뇌인지과학의 핵심 개념이니 알아보고 넘어가도록 하겠습니다.

무언가를 표상한다고 하면 A라는 대상을 B라는 대응되는 개념 혹은 부호나 상징으로 나타내는 것을 뜻합니다. 예를 들어, 뇌에서 내 눈앞에 놓인 사과를 인식하기 위해서는 시각을 담당하는 시각피질에서 10개의 특정 세포들의 활동패턴이 나타나야 한다고 생각해 봅시다. 이때 사과는 그 10개의 특정 세포들의 특정 활동패턴으로 뇌에 '표상'된다고 합니다. 꼭 뇌인지과학뿐만 아니라 만약 내가 우울한 기분일 때 그 기분을 특정 이모티콘으로 누군가에게 보냈다면 나는 나의 우울한 상태를 해당 이모티콘으로 '표상'한 것입니다. 상대방도 그 이모티콘을 보고 '아, 지금 우울한 상태구나' 하고 알 수 있다면 말이죠.

한 가지 더 뇌인지과학에서 많이 쓰는 용어를 설명드리자면, 사과를 10개의 뉴런들의 활동패턴으로 표상하는 것을 부호화 혹은 인코딩encoding한다고 하고, 반대로 표상을 해독해서 어떤 의미인지를 알아내는 것을 해독 혹은 디코딩decoding한다고 흔히 부릅니다. 뇌가 사과를 어떻게 표상하는지는 정보의 인코딩 문제이고, 반대로 뇌의 활동패턴을 보고 어떤 정보가 표상되고 있는지를 알아내는 것이 정보의 디코딩 문제인 것이죠.

그럼 여러 장소와 그 장소들의 공간적 관계 정보를 표상하고 있는 우리가 일반적으로 아는 지도와 사람들 간의 관계를 표상하는 사회적 인지지도는 어떤 점이 닮았을까요? 사회적 인지지도는 SNS 연결망을 생각해도 되고 쉽게는 한 집안이나 가문의 가계도 같은 것을 연상해도 좋습니다. 일단 장소를 나타내는 지도에서 두 장소 혹은 사람 간의 거리가 갖는 정보가 비슷합니다. 즉, 서울과 인접한 경기도는 서울에 사는 사람들에게는 저 멀리 떨어진 강원도나 경상도보다는 더 쉽게 갈 수 있고 잦은 왕래를 할 수 있는 곳입니다. 사회적 인지지도에서 거리가 가까운 사람들은 지도상에서 멀리 떨어져 위치한 사람에 비해 서로 더 친한 사람이라고 볼 수 있습니다. 가계도에서 인접한 사람들은 직계가족인 것처럼 말이죠. 그리고 지도상의 거리가 가까울수록 비슷한 맥락 정보를 공유합니다. 서울과 경기도는 지형이나 날씨 등이 많이 다르지 않죠. 즉 환경이 비슷합니다. 하지만 서울과 제주도는 많이 다릅니다. 마찬가지로 직계가족은 비슷한 맥락을 공유하지만 먼 친척은 나와 공유하는 맥락이 별로 없을 가능성이 높습니다. 그 밖에도 두 가지 종류의 지도 모두 자신이 잘 모르는 사람이나 장소를 만나더라도 지도상에서 자신이 아는 사람이나 장소 정보를 동원해서 자신과의 관계를 유추해 볼 수 있습니다. 즉, 지도 자체가 하나의 거대한 맥락 정보를 담고 있는 정보망인 셈입니다.

해마가 공간의 지도를 표상하는 뇌의 핵심 영역이라는 사실은 1970년대 초 존 오키프John O'Keefe 박사가 해마에서 장소세포를 발견하면서 알려졌습니다. 장소세포는 해마에 있는 세포들 중 세포체의 모양이 삼각형으로 생겼다고 해서 피라미드형 세포라는 이름이 붙은 종류의 뉴런의 별명입니다. 장소세포라고 이름을 붙인 이유는 이 유형의 세포는 쥐가 공간상의 특정 위치에 갈 때만 활동하고 다른 장소에 갈 때는 거의 활동하지 않기 때문입니다. 뉴런이 특정 장소를 학습해서 기억한다고 해서 장소세포라는 이름을 붙였습니다. 장소세포가 어떻게 특정 장소에 동물이 있다는 것을 알게 될까요? 이것은 아직도 뇌인지과학의 핵심 연구 주제 중 하나로 활발히 연구되고 있습니다. 분명한 것은 동물의 주변 감각자극들과 동물이 돌아다닐 때 몸에서 나오는 신호 등 다양한 정보가 만들어 내는 일종의 맥락 정보가 중요하다는 점입니다. 연구자들은 때로는 동물이 그 공간에서 어떤 학습과제를 수행하고 있었는지와 어떤 좋은 일 혹은 나쁜 일을 겪었는지 등의 인지적 요인도 장소세포의 활동에 영향을 준다는 것을 이제 알고 있습니다.

오키프 박사가 발견한 장소세포가 공간에서의 위치를 알려 준다면 이 장소세포는 아마도 사람들 사이의 관계를 나타내는 사회적 인지지도에서는 주변 사람들로 이루어진 인적 공간에서의 자신의 상대적 위치를 알려 줄 것입니다. 마치 우리가 여행지에서 지도를 보며 자신의 현재 위치와 자신이 가고자 하는 목적지를 확인하면 지도를 이용해서 어떻게 해당 목적지까지 갈 수 있는지를 계획할 수 있듯이, 해마의 사회적 인지지도를 활용하여 사람들은 자신이 누군가와 친해지고 싶을 때 그 사람을 목적지로 삼고 자신의 주변 사람들과 그 사람과의 관계를 지도에서 살핀 후 어떻게 접근해 가야 하는지를 계획할 수 있습니다. 또 어떤 사람을 만났을 때 전혀 모르는 사람인 것 같았지만 그 사람과 서로 아는 사람들에 대해서 얘기하다 보면 내 친구의 친구라는 것을 알게 되는 경우도 있습니다. 이것은 마치 내가 낯선 장소에 있다고 생각했지만 저 멀리 보이는 자신이 알고 있는 이정표를 발견했거나 주변에서 내 기억 속에 있는 익숙한 장소를 발견하면 현재의 장소와 익숙한 장소를 빠르게 연결시키면서 지도상에서 나의 위치를 파악하는 것과 유사합니다.

실제로 최근 연구에서는 해마의 하위영역인 CA2라는 영역이 다른 사람에 대한 기억을 저장하는 데 중요하다는 연구 결과가 많이 나오고 있습니다. 예를 들어, CA2에 있는 주요 뉴런들의 유전자를 변형시켜 기능을 못하도록 만든 생쥐의 경우 정상 생쥐에 비해 다른 생쥐를 만나 상호작용한 사회적 기억social memory이 낮은 것으로 알려져 있습니다. 이미 CA2의 이러한 기능에 대해서 알기 전부터 지금은 작고하신 유명한 뇌인지과학자, 보스턴대학교Boston University의 하워드 아이켄바움Howard Eichenbaum 교수는 해마는 공간지도spatial map을 담는 영역이 아니라 관계relationship를 표상하는 '기억 공간memory space'이라고 주장했습니다. 즉, 어떤 관계든 상관없이 사물들 간의 관계나 사람들 사이의 관계 혹은 사람과 사물들의 관계 등 지도라는 정보망의 형태로 표상할 수 있는 모든 관계를 학습하고 기억하며 이를 토대로 의사결정을 하고 행동을 계획하는 공간이 바로 해마라는 주장입니다. 이러한 주장이 사실이라면 해마는 실로 인간이 이 세계에서 살아가기 위해 필수적으로 형성해야 하는 매우 중요한 모델model이 만들어지고 활용되는 뇌 속의 중요한 공간입니다.

(23)

치매에 걸린 뇌에서 어떤 일이 벌어지는가

Perfect Guess

지금까지 이야기한 생활 속 맥락적 학습 능력은 인간의 뇌가 가진 태생적 한계를 극복하기 위해 탑재된 신의 한 수라고도 볼 수 있습니다. 인간의 뇌는 1초에 수천 조의 연산을 할 수 있는 고성능 그래픽 처리장치GPU를 장착한 지금의 인공지능 컴퓨터처럼 방대한 데이터를 하나도 남김없이 모두 사용하여 학습하지 않습니다. 컴퓨터처럼 그렇게 에너지를 쓰는 방식은 효율성이 너무 떨어져서 인간의 뇌가 그렇게 작동한다면 아마도 엄청난 에너지를 공급하기 위해 끊임없이 칼로리가 높은 음식을 먹으면서 일해야 할지도 모릅니다. 아무리 먹어도 그 에너지를 공급하는 것은 불가능할 것이고 또 자연계에서 늘 그렇게 항상적으로 대량 공급되는 먹이를 확보한다는 것은 인간을 비롯한 모든 동물에게 불가능한 일입니다. 또, 뇌는 전기신호와 더불어 화학신호를 주로 사용하기에 컴퓨터의 속도로 정보처리를 하는 것도 불가능합니다. 하지만 인간의 뇌는 태어나는 순간부터 자신의 주변의 환경 속 자극들과 상호작용하며 맥락을 학습합니다. 그리고 이 맥락 정보는 인간의 뇌가 제한된 자원을 가지고 시시각각 변화하는 환경에서 정보를 가장 효율적으로 처리하는 데 결정적인 역할을 하도록 돕습니다.

❖

맥락 정보를 처리하지 못하게 된 뇌에서 어떤 일이 벌어질까요? 그리고, 이를 겪는 인간의 삶은 어떻게 변할까요? 이 질문들에 대한 답은 뇌에 이상이 생긴 수많은 환자들의 사례를 보면 어느 정도 알 수 있습니다. 해마는 인간을 비롯한 포유류가 공간을 돌아다니며 경험한 여러 가지 사건들을 맥락적으로 학습하는 데 기여합니다. 또, 미래에 이를 기억하는 데 결정적인 역할을 합니다. 이처럼 중요한 해마가 손상된 환자의 경우 지금까지 제가 언급한 해마의 인지적 기능들에 이상이 생기게 됩니다. 가장 유명한 사례는 아마도 HM이라는 이름의 이니셜로 오랫동안 명명되던 환자일 것입니다. 이 환자가 2008년 세상을 뜬 이후에는 헨리 몰레이슨Henry Molaison이라는 본명으로도 잘 알려진 환자입니다. HM은 어렸을 때 머리를 다치면서 뇌전증(흔히 간질이라고 불리던 뇌질환으로 뇌의 세포들이 흥분하는 정도가 통제가 안되는 질환)을 앓게 됩니다. 뇌전증이 생기면 뇌가 주체할 수 없이 흥분하는 소위 발작이 일어날 수 있으며, 이로 인해 정상적인 생활이 어려운 경우가 많습니다. 27세 때 HM은 당시로서는 다소 흔하지 않은 수술인 측두엽 절제술temporal lobectomy을 받고 해마를 적출하게 됩니다. 수술 이후 뇌전증은 호전되었지만 모두를 놀라게 만든 특이한 기억상실증이 나타났습니다.

HM이 자신의 해마를 절제하는 수술을 받고 난 이후 그가 보인 기억상실증의 핵심은 더 이상 새로운 일화기억을 형성하지 못한다는 것이었습니다. 즉, 새로운 누군가를 어디서 만나더라도 몇 초간 혹은 길게는 수 분 동안만 기억에 남아 있다가 사라져 버리는 것이죠. 수술받기 전에 형성되었던 기억이 얼마나 남아 있는가와 얼마나 오래된 기억까지 영향을 받았는지는에 대해서는 예전에는 학계에서 어느 정도 의견 일치가 있어 보였습니다. 하지만 HM의 사후에 진행된 부검에서 HM의 해마가 온전히 다 적출된 것이 아니라는 점이 밝혀지면서 이 부분에 대해서는 여전히 논란이 있습니다. 하지만 HM을 비롯한 많은 환자 대상의 연구나 동물연구를 통해 해마를 조금만 손상시키더라도 새로운 사건을 학습할 수 없다는 점은 이제 잘 알려져 있습니다. 새로운 사건뿐 아니라 새로운 공간이나 장소, 그리고 그 공간에서 마주친 사물을 학습하는 것 역시 HM은 할 수 없었습니다.

제가 박사후 연구원으로 일했던 미국 보스턴대학교 학습과 기억 연구소의 소장이자 저의 박사후연구원 시절 지도교수이셨던 하워드 아이켄바움 교수님은 HM에 대한 연구가 한창일 때 HM을 차에 태우고 그의 집에서 연구소로 데려오고 다시 데려다주었을 때의 기억을 말씀해 주신 적이 있습니다. 당시 젊은 아이켄바움의 눈에는 조수석에 앉은 HM이 보이는 행동이 학문적으로 상당히 흥미로웠다고 합니다. 그중 한 가지 일화는 다음과 같습니다. 차를 같이 타고 오다가 고속도로 휴게소의 맥도널드 햄버거 가게에 들러 햄버거를 사 먹고 맥도널드 로고가 새겨진 음료수 잔을 들고 차에 다시 탔다고 합니다. 차의 대시보드 위에 놓인 맥도널드 컵을 본 HM은 문득 "내가 어렸을 때 맥도널드라는 친구가 있었는데…" 하며 옛날이야기를 꺼내기 시작했다고 합니다. 아이켄바움은 이야기를 듣고 재밌는 이야기라고 반응해 주고 다시 어느 정도 시간이 흐를 때까지 계속 차를 운전했다고 합니다. 그러자 HM이 다시 맥도널드 컵을 보고는 "내가 어렸을 때 맥도널드라는 친구가 있었는데…"라며 방금 전 했던 말과 똑같은 이야기를 하기 시작했다고 합니다. 정상적인 해마를 가진 아이켄바움은 분명 같은 이야기를 한다는 사실을 알 수 있었지만 HM은 자신이 같은 이야기를 이미 조금 전에 했었다는 것을 전혀 기억하지 못하고 다시 했다고 합니다. HM의 뇌 상태를 잘 알기에 당황하지 않고 마치 처음 듣는 것처럼 반응해 주고 운전을 계속했지만, 그 이후로도 계속해서 같은 이야기를 몇 번 더 들었고 당시에는 '훈련되지 않은 사람은 좀 견디기 어렵겠다'는 생각을 했다고 우스갯소리를 하셨던 적이 있습니다. 이처럼 해마가 손상되면 이미 벌어진 일(여기서는 자신이 맥도널드 이야기를 했다는 것)에 대한 기억을 바로 망각하고 미래의 행동이 과거의 기억에 전혀 영향받지 않는 일이 빈번히 발생합니다. 즉, 맥락상 이미 자기가 이야기한 사건을 다시 말하면 안 된다는 정상적인 인지 통제cognitive control가 일어나지 않는 것이죠.

❖

비슷한 케이스로 KC라는 약어로 불리던 캐나다의 환자가 있습니다. 2014년에 돌아가신 켄트 코크레인Kent Cochrane이라는 이름을 가진 환자로 그의 나이 30세 때 오토바이 사고로 뇌에 심한 손상을 입었는데 특히 해마를 포함하는 내측측두엽medial temporal lobe이 거의 모두 손상되었습니다. 이 KC 환자를 엔델 툴빙이라는 유명한 심리학자가 인터뷰하는 영상은 유튜브에서도 쉽게 검색할 수 있고, 인터뷰 장면을 보면 맥락적 학습이 안 된다는 것이 어떤 것인지 잘 알 수 있습니다.

KC의 직업은 자동차 정비공이었기 때문에 당연히 자동차에 대해서 일반인보다 더 잘 알고 있었습니다. 인터뷰 중 한 장면에서 KC에게 툴빙 박사가 "타이어가 펑크가 나면 어떻게 해야 하는지 좀 설명해 주시겠어요?"라고 묻자 KC는 주저하지 않고 펑크 난 타이어를 어떻게 교체해야 하는지 정교한 절차를 거침없이 나열하며 설명을 합니다. 누가 들어도 타이어를 많이 교체해 본 정비공의 뇌라는 것을 알 수 있을 정도입니다. 하지만 그 이후에 반전이 있습니다. 타이어 교체 절차에 대한 설명을 끝낸 KC에게 툴빙 박사가 "그럼 당신은 타이어를 교체하는 것을 어떻게 아시나요? 언제 어디서 배웠는지 혹시 말해 주실 수 있나요?"라고 묻자 KC는 마치 얼어붙은 사람처럼 아무 말도 못하는 순간을 맞이합니다. 수 초 동안의 정적이 흐른 후 KC가 할 수 있는 말은 고작 "글쎄요. 그냥 아는 것 같아요"라는 대답뿐이었습니다. KC는 자신이 타이어를 교체하는 절차적 기억procedural memory을 학습한 시간적이고 공간적인 맥락 정보를 뇌에서 인출하는 데 실패했던 것이죠.

타이어를 교체하는 절차를 기억하는 것은 우리 뇌의 절차적 학습procedural learning 시스템이 하는 또 다른 종류의 학습으로, 해마가 적극적으로 관여하지 않는 것으로 알려져 있습니다. 해마가 관여하는 학습은 서술적 기억declarative memory을 필요로 하는 학습입니다. 하지만 이 두 시스템이 서로 배타적으로 작동하는 것은 결코 아닙니다. 즉, 이 두 종류의 학습이 동시에 이루어질 수 있다는 뜻입니다. 자동차의 타이어를 교체하는 것을 KC가 처음 배운 장소와 그것을 가르쳐 준 사람이 분명 있을 것입니다. 그리고 같은 타이어 교체 업무를 하더라도 자신이 아마추어였을 때와 프로페셔널 정비공으로 아주 능숙하게 타이어 교체를 할 수 있게 된 시간적 맥락이 다를 것입니다. 우리의 절차적 학습 시스템은 하나의 절차를 물 흐르듯이 자연스럽게 무의식적으로 할 수 있을 때까지 반복적으로 학습을 합니다. 하지만 그러한 학습이 이루어지는 과정에 많은 일이 있을 수 있고 그 일들은 모두 해마가 다루는 맥락적 정보 혹은 일화기억에 속합니다. 앞에서도 언급한 바 있듯이 때로는 절차적 기억이 특정 맥락에서 훨씬 잘 인출되는 경우(예: 자신이 늘 연습하던 테니스장의 같은 자리에서 테니스를 칠 때 훈련의 효과가 더 잘 나오는 경우)도 있는데 이런 경우가 바로 절차적 학습 시스템과 서술적 학습 시스템이 서로 상호작용하는 경우라고 볼 수 있습니다.

HM이나 KC처럼 수술이나 사고에 의해서만 해마가 손상되는 것은 아닙니다. 해마 시스템을 가장 먼저 손상시키는 것으로 잘 알려진 알츠하이머성 치매의 가장 무서운 점 역시 사람이 더 이상 새로운 사건 혹은 일화를 새로운 기억으로 만들 수 없게 만든

다는 것이죠. 학습이 되지 않고 기억에 남길 수 없다면, 즉 내가 지금 경험하고 열심히 하고 있는 일이 전혀 나의 기억에 남지 않고 따라서 미래의 행동에 어떠한 영향도 미칠 수 없는 그런 허무한 것이라면 기분이 어떨까요? 그저 순간적으로만 무언가를 기억할 수 있다는 허무함과 존재의 가벼움을 느끼게 만들기 때문에 모두가 치매를 두려워 하게 됩니다. 알츠하이머성 치매에 걸린 미국 컬럼비아대학교Columbia University 교수의 이야기인 〈스틸 앨리스Still Alice〉라는 영화가 있습니다. 이 영화에서 앨리스가 자신의 치매가 악화되어 더 이상 해마가 과거의 수많은 시간과 공간이 빚어낸 맥락 정보들을 기억하지 못하게 되었을 때를 대비해 자기 자신에게 남긴 동영상을 보는 장면이 있습니다. 더 이상 맥락을 기억하지 못하는 삶을 약을 먹고 끝내라는 지시가 담긴 이 충격적인 비디오를 보고 그대로 따라 하는 앨리스를 보면서 사람들은 공포영화에서 느끼는 소름 이상의 무언가를 경험합니다. 물론 자살은 실패로 돌아가지만 우리가 삶을 계속해서 살아가야 하는 이유가 무엇인지 다시 한 번 생각하게 해주는 의미 깊은 장면입니다.

(24)

해마가 손상되었을 때, 루틴과 습관의 힘

Perfect Guess

맥락적 정보로 세상으로부터 오는 불완전한 정보를 추론할 능력이 없는 뇌를 가진 사람은 생존 가능성이 전혀 없는 것일까요? 알츠하이머성 치매로 해마가 손상되면 생존을 포기해야 하는 것일까요? 이 물음에 대한 답은 '그렇지 않다'는 것입니다. 뇌는 서로 다른 종류의 학습을 하는 시스템들로 구성되어 있고 맥락적 학습을 하는 해마 시스템은 그중 한 시스템일 뿐입니다. 다만, 끊임없이 변화하는 환경 속에 놓인 경우 서술적 기억을 담당하는 해마 시스템이 해야 하는 추론의 역할이 큰 비중을 차지하기 때문에, 그저 "하나의 학습 시스템일 뿐"이라고 하기에는 해마 시스템이 너무도 중요합니다. 해마 시스템이 제대로 기능하지 않는 사람은 보통 사람에 비해 환경에 대한 적응력이 떨어질 수밖에 없습니다. 그럼 해마 시스템이 고장 난다면 어떻게 살아야 할까요? 이 질문은 해마를 손상시키는 현재의 각종 뇌 질환이 100퍼센트 정복되기 전에 반드시 우리 사회가 함께 논의해야 할 중요한 이슈입니다.

❖

일단 이 이슈를 논의하기 전에 뇌의 기본적인 속성을 이해하기 위한 비유를 해보겠습니다. 뇌는 여러 개의 하위 부서가 존재하는 거대한 기업과 비슷하다고도 할 수 있습니다. 혹 기업이 아니더라도 거대한 정부 조직이나 거대한 조직을 갖는 연구소나 대학도 될 수 있습니다. 이러한 거대 조직의 하위 부서들은 조직 내의 위계상에서 서로 비슷하거나 다른 위치를 차지하고 있습니다. 즉, 어떤 부서는 다른 부서보다 더 강한 권한을 갖고 있을 수 있고 어떤 두 부서는 서로 동급일 수 있습니다. 하지만 회사의 최종 의사결정에 미치는 권한이 더 크다고 해도 권한이 더 작은 부서의 전문적인 일을 할 수 있는 능력은 없습니다. 분업화되고 전문화된 다양한 업무를 하는 많은 하위 부서가 각자의 수준에서 열심히 업무를 처리하면 이것의 총합이 바로 그 회사의 최종 의사결정을 통해 외부에 보이는 퍼포먼스로 나타납니다.

거대한 회사 내에서 서로 다른 수많은 하위 부서가 서로 상호작용하며 업무를 처리하는 방식은 어떤 회사건 모두 비슷할까요? 그렇지 않습니다. 그러면 어떤 요인이 특정 조직의 작동 방식에 영향을 줄까요? 여러 가지 요인이 있겠습니다만 여기서 강조하고 싶은 것은 그 조직이 사업하는 환경이 얼마나 변화가 심한 환경인지 여부입니다. 환경의 변화가 매우 심한 경우와 환경이 늘 일정하고 변화가 없는 경우 두 가지로 크게 나뉠 수 있습니다. 변화가 매우 심한 비즈니스 환경은 아마도 지금의 스마트폰 시장이 좋은 예가 아닐까 합니다. 삼성이나 애플과 같은 경쟁사들은 끊임없이 변화하는 소비자의 욕구를 정확히 읽어 내고 이를 반영하여 매년 새로운 제품을 경쟁적으로 내놓지 않으면 시장에서 도태되는 매우 유동적인 환경에 놓여 있습니다. 하지만 모든 기업이 다 이런 환경에 놓여 있는 것은 아닙니다. 전통적으로 한가지 주력 상품만을 오랜 세월 동안 만들면서도 시장에서 여전히 꾸준히 좋은 퍼포먼스를 보이는 회사들도 있습니다. 이러한 회사의 전략은 변하지 않는 가치를 고객에게 제공한다는 것으로 스위스의 전통적인 시계 제조회사나 하나의 인기 있는 과자를 주력 상품으로 몇십년 동안 만들어 수입을 올리는 제과회사 등을 생각해 볼 수 있겠습니다.

하나의 제품에 매우 많은 공을 들이고 그 제품을 만드는 생산 공정 라인에서 순차적으로 일어나는 작업이 정확히 미리 정해진 순서에 의해 차질 없이 일어나도록 하는 데 모든 노력을 기울이는 회사의 예에는 수제 가공으로 명품을 생산하는 회사들이 있을 것입니다. 수제 악기, 수제 가방, 수제 시계 등 이러한 회사는 뇌로 말하면 절차적 학습을 통해 만들어진 기억을 그대로 유지하는 데 모든 에너지를 쏟는 시스템에 해당합니다. 이런 시스템에서는 절차가 제대로 지켜지지 않으면 최종 제품이 만족스럽지 않게 되기 때문에 절차를 매우 중시합니다. 다만 이런 회사나 뇌의 절차적 학습 시스템에 자주 절차를 바꾸라고 하면 큰 혼란을 겪게 될 것입니다. 마치 특정한 방식으로 기계적으로 공을 받아치도록 훈련된 테니스 선수에게 매주 새로운 코치가 와서 공 치는 방식을 자신의 스타일로 바꾸라고 한다면 해당 선수는 큰 혼란을 겪게 될 것이고 퍼포먼스는 낮아지게 될 것입니다.

❖

이런 일련의 비유를 통해서 전달하고자 하는 메시지는 다음과 같습니다. 유동적으로 변화하는 환경에서 해마 시스템과 같이 임기응변을 발휘할 수 있는 시스템이 망가졌다면, 생존을 위해 해마가 없는 뇌의 상태에 적합한 환경을 주변에 다시 구현해 줄 필요가 있다는 것입니다. 절차적 학습에 최적화된 시스템만이 남은 뇌를 갖게 되는 경우 최적의 환경은 변화가 거의 없는 항상적 환경입니다.

실제로 뇌질환으로 인해 태어나면서부터 혹은 유년기에 해마가 손상되어 기능하지 못하는 사람이 매일매일 벌어지는 사건들을 기억하는 능력은 떨어짐에도 불구하고 정상적으로 학교를 다니고 심지어 대학까지 정상적으로 졸업했다는 놀라운 사실이 1997년에 과학 잡지인 「사이언스Science」에 보고된 바 있습니다. 베스Beth, 존Jon, 케이트Kate이라고 불린 세 명의 환자에 대한 연구 논문이었습니다. 베스는 인지 검사를 받을 당시 열네 살이었고 출생 당시 약 7~8분 동안 숨을 쉬지 않고 심장이 멈춘 상태를 의사들이 가까스로 살려 냈다고 합니다. 이로 인해 뇌전증을 겪게 되었고, 서서히 정상 상태를 찾기 시작했으나 해마에 어쩔 수 없이 손상이 생긴 경우입니다. 존과 케이트는 연구를 위해 여러 검사를 받을 당시 나이가 각각 열아홉과 스물둘이었고, 존은 베스처럼 출생 시 어려운 조건을 겪으며 해마에 손상을 입었고 케이트는 아홉 살 때 천식을 위해 복용하던 약물을 과다 복용하여 이후 뇌전증을 겪게 되고 해마에 손상을 입었습니다. 이들 세 명은 모두 해마의 기능을 검사하는 여러 인지검사에서 정상인에 비해 매우 낮은 점수를 받았고, MRI를 통해 확인했을 때도 해마의 부피가 일반인에 비해 현저히 줄어든 것이 확인되었습니다.

이 세 명의 환자들은 어떤 방식으로 벌어질지 모르는 일상 속 사건을 일화기억의 형태로 기억하는 데 매우 취약했지만, 다른 학습 방식을 사용하여 자신들이 학습해야 하는 것을 지식으로 흡수하는 데 성공했습니다. 학교에서 정규 교육을 모두 무사히 잘 받거나 마쳤기 때문이죠. 읽기나 쓰기에도 문제가 없었고 각종 지식도 모두 학습하고 이를 활용할 수 있었다고 합니다. 추측하건대 해마 시스템이 제대로 작동하지 않는 뇌를 가진 이들의 학습은 대부분 수많은 반복에 의존하는 절차적인 학습 방식으로 이루어졌을 가능성이 높고, 이를 위해서 가족과 주변의 교사 및 동료 들의 눈물겨운 노력이 있었을 것입니다. 뇌는 세상을 이해하고 행동을 결정해 줄 인지적 모델을 필요로 하고, 이 인지적 모델은 해마 시스템처럼 매우 적은 경험을 통해서 형성될 수도 있고 절차적 학습 시스템처럼 수많은 반복을 통해 형성될 수도 있습니다. 다만 후자의 방식으로 형성된 모델의 수정은 쉽지 않기 때문에 이러한 방식이 잘 작동하기 위해서는 오늘과 내일이 변화무쌍하게 달라지는 환경에 자주 노출되는 것은 바람직하지 않겠죠. 아마도 베스, 존, 케이트는 연구가 발표된 이후에도 너무 변화가 심한 환경에서 일해야 하는 직장을 피했을 것이고 자신이 알고 있는 루틴, 습관, 지식에 의존하여 항상 루틴을 수행하면 되는 고정된 환경에서 적응했을 것입니다.

이처럼 해마 시스템이 손상된 후에도 루틴과 습관으로 얼마든지 생활을 해나갈 수 있다는 점은 우리에게 희망을 줍니다. 물론 해당 케이스 보고는 어린 시절에 해마가 손상되어 충분히 이를 보완할 만한 뇌의 대체 기전이 작동할 수 있는 경우입니다. 만약 청소년기나 중장년기, 심지어 노년기에 해마가 손상되었을 경우 어떻게 루틴과 습관으로 적응해 나갈 것인지는 현재의 뇌인지과학자와 사회가 함께 풀어 나가야 할 숙제입니다. 뇌는 나이가 들수록 가소성이 젊을 때에 비해 둔화되고 새로운 학습을 하기 어려워질 수 있어서 새로운 루틴과 습관을 학습하는 일은 쉽지 않을 것입니다. 하지만 뇌인지과학은 하루가 다르게 발전하고 있어서 질환으로 인한 해마의 손상 가능성을 조기에 발견하고 예방할 수 있게 될 것이고, 만약 손상되더라도 이를 보완해 줄 수 있는 뇌의 다른 보완 기전을 효율적으로 작동시킬 수 있는 기술이 반드시 나올 것이라고 믿습니다. 아주 가까운 미래가 될 수도 있고 다소 먼 미래가 될 수도 있지만 반드시 그러한 미래는 도래할 것입니다.

다만 그 미래가 우리 코앞에 다가올 때까지 우리는 현재 가능한 모든 방법을 동원하여 삶을 이어 나가야 할 것이고, 해마가 더 이상 세상의 맥락을 해석해 주지 않는다면 맥락적 추론이 필요 없는 환경을 적극적으로 구축하고 그 안에서 인생의 희로애락을 즐기며 행복하게 살 수 있어야 하겠습니다. 영화 〈스틸 앨리스〉의 원작 소설을 쓴 리사 제노바Lisa Genova는 저서 『기억하라Remember』에서 기억은 인간의 감정을 다양하게 느끼기 위해 꼭 필요한 것이 아님을 강조합니다. 그러면서 자신의 할머니가 알츠하이머병으로 임종을 맞이하는 순간 할머니는 자신이 살아온

기억을 거의 모두 잃어버렸지만 자신이 주변에 둘러싸인 사람들에게 사랑을 받고 있음을 느끼고 자신들에게 사랑을 전했다고 합니다.

(25)

맥락의 크기를 넓히는 법

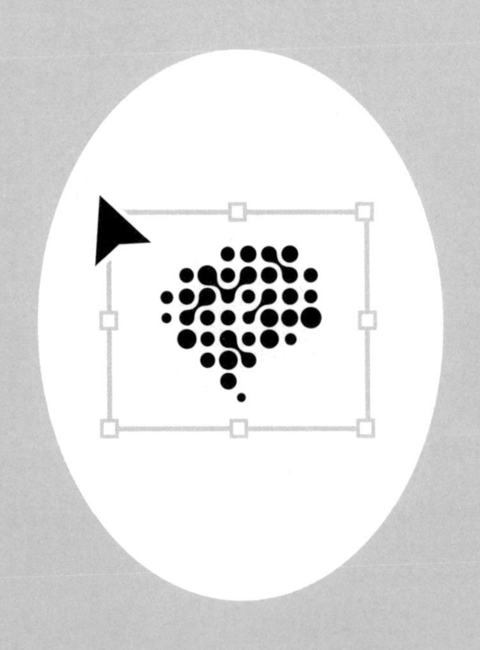

Perfect Guess

맥락에도 크기가 있을까요? 아마도 있을 것이라고 생각합니다. 맥락 정보에 의해 세포의 활동이 큰 영향을 받는 뇌 영역인 해마의 경우를 살펴보면 힌트를 얻을 수 있을 것 같습니다. 해마에는 주변 환경 속 자극들이 서로 관계를 맺고 빚어내는 공간적 맥락을 사용하여 장소를 표상하는 세포가 있다고 앞서 설명한 바 있습니다. 그리고 이런 세포를 장소세포라고 부른다고 했습니다. 초기에는 해마에 있는 장소세포 하나는 공간상에서 하나의 장소에서만 활동을 보인다고 알려졌으나 최근의 실험에 의하면 꼭 그렇지는 않다고 합니다. 1970년대 초기에 장소세포가 처음 발견된 이후 약 1미터의 지름을 갖는 원통형 공간이나 가로세로 1미터 정도의 사각의 공간 안에서 쥐를 돌아다니게 하면서 장소세포가 그 공간 내의 어느 위치에서 활동하는지를 측정하는 실험법이 한동안 유행했습니다. 이렇게 협소한 공간 내에서 해마의 장소세포는 하나의 특정한 위치만을 표상하는 것처럼 보였습니다. 특히 1980년대와 1990년대에 이런 실험 패러다임이 유행을 했는데 이는 다분히 쥐의 해마에서 나오는 전기신호를 케이블을 통해 컴퓨터까지 받아들이는 기술의 제약으로 인해 그렇게밖에 실험할 수 없었던 이유가 컸습니다.

하지만 최근 뇌의 세포가 내는 전기신호를 무선으로 컴퓨터로 보내 신호를 저장할 수 있게 되면서 쥐가 예전처럼 컴퓨터 가까이 있어야 하거나 협소한 영역 내에서 돌아다녀야만 할 필요가 없어졌습니다. 브루스 할랜드Bruce-Harland와 동료들은 한 실험에서 쥐가 18.6제곱미터의 공간(저자들은 이를 '메가 스페이스mega-space'라고 명명)을 돌아다니도록 하고 그때 해마의 장소세포들이 그 넓은 공간에서 어떻게 활동하는지를 관찰했습니다. 그랬더니 고작 가로세로 1미터 혹은 2미터의 공간에서 관찰했던 것에 비해 훨씬 더 다양한 장소세포의 활동패턴을 볼 수 있었다고 합니다. 예를 들면, 작은 공간에서 측정된 장소세포의 활동 범위보다 더 큰 활동 범위를 갖는 장소세포도 관찰되었고, 아주 작은 활동 반경을 갖는 장소세포부터 보다 넓은 활동 범위에서 활동하는 장소세포까지 아주 다양한 장소세포를 볼 수 있었다고 합니다.

해마의 장소세포가 공간상의 더 넓은 위치에서 활동을 보인다는 것은 그 장소세포가 쥐의 주변에 있는 더 많고 다양한 자극들의 관계를 맥락 정보로 활용한다는 뜻입니다. 예를 들어, 4개의 주변 자극들의 관계 정보만으로 계산된 공간 맥락 정보를 사용하여 위치를 계산해 내는 장소세포는 100개의 자극들의 관계가 빚어내는 맥락 정보를 사용하는 장소세포에 비해 훨씬 한정되고 협소한 위치를 기억할 수 밖에 없습니다. 마치 내가 우리집 주방에 있을 때 주방 내에서의 나의 위치정보는 냉장고, 식탁, 싱크대 등 몇개의 주변 물체들이 주방이라는 공간에서 서로 공간적으로 맺고 있는 관계에 의해서 정해지는 것이 작은 맥락 정보를 사용한 공간상의 위치 파악이라고 볼 수 있습니다. 그러나 큰 아파트 단지 내에서 나의 위치가 몇 동인지를 말해야 할 때는 사실 우리집 주방에서 냉장고나 다른 물건들에 의해 규정된 나의 위치는 별로 중요하지 않으며 아파트 단지 내의 많은 건물과 주변의 지형지물에 의해 만들어지는 보다 더 큰 공간적 맥락이 중요해지는 것입니다.

이처럼 공간이라는 것은 작은 내 방과 같이 아주 작은 공간부터 우리 집 전체, 아파트 단지, 우리 동네, 서울, 경기도와 같이 점점 그 범위가 커질 수 있는 확장성을 가지고 있습니다. 내가 나의 방 안에서 활동을 할 때의 맥락 정보와 우리 동네 전체를 생각하고 활동할 때 고려해야 할 맥락 정보는 분명히 그 스케일이 다를 것입니다. 또한, 우리나라 전체를 고려해야 하는 상황과 아시아권 전체를 고려해야 하는 상황은 또 다른 차원으로 맥락을 확장해야 할 것입니다. 이처럼 맥락은 매우 다양한 크기를 가질 수 있고 사람을 비롯한 동물은 해당 맥락에서 학습한 것을 스케일이 다른 맥락에도 경험적으로 적용할 수 있어야 합니다. 실제로 해마의 정보를 받아 해마 외부 영역들로 전달해 주는 해마이행부subiculum라는 영역이 있습니다. 해마와 해마이행부를 합쳐서 '해마형성체Hippocampal formation'라고 부릅니다. 해마이행부에 있는 장소세포는 공간상의 일정한 넓이를 갖는 위치에서 활동을 보이다가 그 공간이 갑자기 팽창하여 넓어지면 그 넓어진 공간의 비율만큼 장소세포가 표상하는 영역도 비례해서 커지는 특성을 보입니다. 작은 맥락에서 학습한 경험을 토대로 큰 공간에서 사용될 맥락을 유추하는 세포의 활동이 매우 흥미롭죠.

✣

사실 해마의 세포들처럼 서로 다른 크기의 맥락을 오가며 한 맥락에서 학습한 내용을 다른 크기의 맥락에 적용하는 능력은 환경에 적응하기 위해 뇌가 필수적으로 발휘해야 하는 기능 중 하나입니다. 어떤 경우에는 이 맥락을 문화culture라고 부를 수도 있습니다. 특정한 사회에서 구성원들이 후천적인 학습에 의해 공유하는 일정한 행동패턴과 생활패턴을 문화라고 정의한다면, 이 문화는 인간의 뇌가 환경 속에서 일어나는 사건이나 마주치는 물체와 사람에 대해 어떻게 반응해야 하는가를 결정합니다. 한국이라는 크기를 갖는 맥락을 한국적 문화라고 하고, 한국 내의 특정 지방이 갖는 문화를 지방색이라고도 하죠. 어렸을 때 집안 사정으로 인해서 여러 나라를 경험하며 서로 다른 맥락들을 많이 경험하며 자란 사람의 경우는 비교적 서로 다른 크기와 종류의 맥락 사이를 자유롭게 오가며 맥락에 맞는 인지적 모델을 활용하는 것이 잘 학습되어 있을 것입니다. 반대로 특정 지역에서 태어나서 평생 그 지역을 벗어나지 않고 성장한 사람의 경우 다른 맥락 혹은 문화에 대한 적응력이 떨어질 수 밖에 없습니다. 우리 뇌는 이미 다양한 크기와 성격의 맥락을 자유자재로 표상하고 맥락 간의 정보 교류를 활발히 할 수 있는 시스템이 탑재되어 있습니다. 따라서 계속해서 이 기능이 쓰일 수 있도록 다양한 경험을 하며 유연한 인지기능을 발휘하는 학습을 하는 것이 뇌의 능력을 최대한 활용하는 좋은 방법이 될 수 있을 것입니다.

5부

탁월한 맥락 설계자의 뇌 활용법

(26)

숲이라는 거대한 맥락 파악하기

Perfect Guess

2015년 세계적인 경연 대회인 쇼팽 국제 피아노 콩쿠르에서 21세의 나이로 한국인 최초로 우승을 차지한 조성진이라는 피아니스트를 잘 아실 겁니다. 조성진은 2023년 6월 초에 호암 재단에서 수여하는 삼성 호암상 예술상을 수상하기도 했습니다. 호암상 시상식에서 조성진은 수감 소상을 말하면서 나무보다는 숲이 보이는 연주를 하는 게 중요하다는 이야기를 했다고 합니다. 이후 「조선일보」와의 인터뷰에서 이 말의 의미를 묻는 기자의 질문에 조성진은 다음과 같이 답했습니다. "디테일이 물론 중요하지만 거기에 너무 치중하면 음악 전체를 표현할 수 없다. 음악이 30분짜리면 어디에 클라이맥스를 두고 연주해야 할까 늘 생각한다. 구조, 혹은 기승전결이 명확한 음악을 좋아하는 편인데, 어느 부분이 아름답게 느껴져도 너무 아름답게 표현하지 않는다. 다음에 더 아름다운 대목이 나올 수 있으니까 참는 거다." 조성진이 말한 숲이란, 음악 전체라는 거대한 맥락을 의미한다고 볼 수 있을 것 같습니다. 각각의 악장은 나름대로 작은 맥락을 형성하고 있겠지만 이 작은 맥락들이 모두 합쳐진 거대한 맥락 속에서 각각의 맥락이 어떤 역할을 하는지 이해하면서 연주하려고 한다는 말을 하고 싶었던 것 같습니다. 즉, 숲속의 나무들도 나름의 작은 맥락을 형성하겠지만 어디까지나 작은 맥락일 것이고 숲에 해당하는 거대한 맥락의 일부라는 것이지요.

어떤 일의 전체적인 그림을 머릿속에 넣고 있는 사람은 그 전체를 이루는 일부의 일들이 설령 조금 잘못되거나 예상과 다르게 변형되어 진행되더라도 큰 흐름이 유지되고 있는지 아닌지를 판단할 수 있습니다. 흔히 이런 능력이 있는 사람을 나무만이 아니라 숲 전체를 볼 줄 아는 사람이라고 하죠. 조성진과 같이 호흡이 긴 클래식 곡을 연주하는 경우 해당 곡의 전체 구성이 어떤 맥락을 형성하도록 되어 있는지 이해하는 게 중요하기에 앞에서 언급한 인터뷰에서처럼 기승전결을 언급한 것이겠죠. 클래식 음악뿐 아니라 재즈와 같은 장르도 마찬가지일 것입니다. 흔히들 재즈는 자유로움이 생명이라고 하죠. 연주자의 자유가 중요하니 아무렇게나 그냥 즉흥적으로 연주하면 되는 걸까요? 그렇지 않습니다. 한 곡의 정해진 큰 맥락을 유지한 채 그 안에서 자유롭게 즉흥적인 변형을 가하는 것이 재즈 음악의 진정한 매력이라고 합니다. 따라서 이런 재즈의 자유는 곧 전체의 거대한 맥락적 구성이 버텨 주기 때문에 가능한 것입니다. 재즈 뮤지션이나 교향악단의 단원들은 모두 맥락이라는 약속된 테두리 안에서 음악을 연주합니다. 맥락이 없이 아무렇게나 같이 연주하는 상대방 연주자의 연주를 듣지도 않고 마음대로 연주한다면 그것은 혼돈chaos이자 잡음에 불과할 것입니다.

직장에서의 업무 역시 비슷합니다. 세세한 업무도 중요하지만 큰 흐름을 읽고 거시적인 맥락을 알고 일하는 사람이 유능하다고 평가받습니다. 운동선수의 경우도 베테랑이라면 시합 전체의 큰 흐름을 읽는 능력과 본인이 경기의 시작부터 마지막 종료 시점까지 어떤 흐름으로 경기를 할 것인지를 예상하는 능력이 뛰어납니다. 누구나 큰 맥락을 읽는 사람이 되어야 한다고 하지만 말처럼 쉽지 않습니다. 왜 그럴까요? 맥락이라는 것은 학습과 경험의 결과로 나오는 것이기 때문입니다. 나무만 보지 말고 숲을 보라고 하지만 그 숲 전체를 돌아다니면서 숲의 지형을 파악한 적이 없는 사람에게는 주변의 나무가 곧 숲이나 마찬가지겠죠. 숲이라는 맥락을 알려면 당연히 숲 전체를 몇 번 경험해 보고 이를 자신의 기억 속에 담고 여러 방식으로 그 기억을 꺼내 보는 훈련을 해야만 합니다. 따라서 어떤 일을 할 때 숲을 볼 줄 안다는 것은 그 일에 상당한 경험이 있는 사람일 가능성이 높습니다.

하지만 그 분야에 오래 있었다고 해서 그 경험이 저절로 생기지는 않습니다.

⁘

해마의 인지지도 역시 특정 공간을 구석구석 돌아다니며 지도의 작은 부분들을 경험하고 이를 인지적으로 이어 붙여야 하는데 이때 주의가 필요합니다. 주의 집중이 없이 그저 공간을 별생각 없이 돌아다닌다면 해당 공간의 지도는 해마에 잘 형성되지 않거나 형성되었다 하더라도 부실하여 활용도가 떨어집니다. 쥐의 해마에서 발견되는 장소세포들 각각은 해당 공간의 작은 부분만을 표상하지만 이 장소세포들이 표상하는 공간들이 서로 유기적으로 연결되어 더 큰 공간을 표상할 수 있게 되는 것입니다. 실제로 쥐뿐만 아니라 사람도 새로운 곳에서 어딘가를 찾아가야 할 때 주변을 두리번거리면서 열심히 공간의 지도를 형성하게 됩니다.

쥐가 주변을 두리번거리고 주변의 지형지물을 보며 자신의 위치를 계속해서 파악하는 동안 쥐의 해마에서는 세타파theta rhythm라는 파형을 가진 뇌파가 강하게 나오는 것이 측정됩니다. 뇌파라는 것은 여러 세포들로 이루어진 신경망이 내는 특정한 파형을 갖는 리듬이라고 이해하시면 될 것 같습니다. 마치 바닷가에 가서 파도를 보고 있으면 일정한 리듬을 가지고 파도가 몰려왔다가 사라지는 것처럼 세타파는 1초에 4~8번 정도까지 파도가 주기적으로 치는 것이라고 생각하시면 될 것 같습니다. 뇌의 신경망은 세타파 외에도 알파alpha, 감마gamma, 베타beta 등 다양한 주기를 갖는 갖가지 파도가 쉴 새 없이 치는 바다와 같습니다. 그 중 세타파는 어떤 과제에 집중하고 주변을 자발적으로 탐색할 때 나오는 뇌파로 잘 알려져 있고, 해마의 장소세포들은 이 세타파를 중심으로 서로 활동패턴을 조율하는 것으로 알려져 있습니다. 해마 내에서뿐만 아니라 해마가 전전두피질prefrontal cortex과 같은 뇌의 다른 신경망과 일할 때도 이 세타파가 마치 오케스트라의 모든 악기가 서로 존중하며 따르는 지휘자의 지휘봉과 같이 정보처리의 흐름을 조율하는 역할을 합니다. 이처럼 뇌에서 큰 맥락을 형성하고 이 맥락을 활용하기 위해서는 주의를 집중한 상태에서 이루어지는 학습이 있어야만 한다는 점을 명심한다면, 우리도 모두 각자의 일터와 인생에서 언젠가는 숲을 보면서 거대한 맥락을 지키며 완급 조절을 잘 할 수 있지 않을까 생각해봅니다.

(27)

나에게 딱 맞는 세계를 설계하는 기쁨

Perfect Guess

앞에서 숲을 보는 것이 큰 맥락을 이해하는 것이라고 이야기했습니다. 이 비유는 한편으로는 적절해 보이지만 다른 한편으로는 다소 부적절합니다. 인간의 뇌가 태어나면서부터 경험하는 사건들이 저마다 다른 데다가 어느 정도 성장하면 자신이 좋아하는 것들을 찾아 다니며 남과 다른 경험을 스스로 선택할 수 있기 때문입니다. 따라서 누군가에게 자신의 주변을 보면 개별 나무만 보이고 어딘가에 높이 올라가면 큰 숲을 볼 수 있을 것이라고 말하는 것은 그 개인의 경험과는 무관하게 숲이라는 것이 존재하고 언제든 가서 보면 되는 것처럼 오해를 불러일으킬 수 있습니다. 하지만 이것보다는 오히려 커다란 숲이 생기기 전 아무것도 없는 허허벌판에 나무를 한 그루씩 심어 가며 숲을 만들어 나가는 정원사에 뇌를 비유하는 것이 더 적절할 것 같습니다. 처음 태어나자마자 심기는 내 주변의 나무는 자신의 의지와 상관없이 심겼을 가능성이 있지만 점차 성장하면서 내 주변에 어떤 나무를 어떤 모양으로 심을지 자신이 결정하게 됩니다. 어떤 친구와 어울리고 어떤 책을 읽으며 어떤 여행 장소를 골라서 가는지 등 자신이 하는 모든 경험은 뇌에 의해 학습되고 기억됩니다. 이처럼 쌓여 가는 기억은 훗날 어떤 선택을 할 때 다시 의사결정과 행동에 영향을 미치며 자신만의 독특한 삶의 스토리를 만들어 가는 데 필수적입니다.

남과 구별되는 독특한 면이 눈에 띄는 사람은 개성이 있다고 말하죠. 물론 타고난 신체적 특징이 남들과 달라 유난히 눈에 띄는 사람이 있을 수 있고, 입고 다니는 옷이나 기타 외형적 특징이 독특한 사람도 있을 것입니다. 하지만 여기서 말하는 개성은 뇌의 발달과 함께 자기만의 독특한 경험으로 인해 형성된 자기만의 맥락적 정보처리 방식을 말합니다. 자신의 뇌가 가지고 있는 독특한 맥락적 정보처리 방식으로 인해 나는 다른 사람과 다른 방식으로 환경에 반응하고 주변 사람과 상호작용할 수 있습니다. 예를 들어, 직장에서 어떤 문제가 발생하여 그 문제에 대한 해결책을 모색하는 회의를 할 때, A라는 사람은 남들보다 보수적인 방향으로 해결하자는 의견이 더 강할 수 있고 B라는 사람은 더 개혁적인 방향으로 해결하자는 의견을 더 강하게 제시할 수 있을 것입니다. 또, 어떤 걱정거리가 생기면 그것을 쉽게 털어버리는 사람이 있고, 계속 그 걱정거리에 휩싸여 다른 일을 아예 하지 못하는 상태가 되는 사람도 있습니다. 새로운 무언가가 나타나면 관심을 쉽게 보이며 그것에 대해 더 많이 알고자 노력하는 사람이 있고 그렇지 않은 사람도 있습니다.

✣

생각해 보면 우리 일상에서 수많은 일이 일어나며 갖가지 자극과 사건이 우리 뇌에 던져지는데 그 자극과 사건은 물리적으로 같더라도 그것을 정보로 받아들여 처리하는 뇌가 어떤 맥락으로 이를 해석하는가에 따라 사람마다 다른 반응과 행동 패턴이 나타납니다. 주변 자극과 사건에 대한 이 독특한 나만의 해석 방식과 행동 방식을 진정한 개성이라고 부를 수 있을 것입니다. 그리고 개성을 좌우하는 뇌의 맥락은 개인의 경험적 학습에 의해 형성됩니다. 그래서 발달 과정에서 무엇을 경험하고 또 그 경험으로부터 어떤 기억을 얻게 되는가가 매우 중요합니다. 세상에 대한 나만의 해석 방식과 반응 방식을 결정하기 때문입니다.

흔히 유행을 따른다고 하는 표현이 있습니다. 남들이 사는 것과 비슷한 물건을 구입하고, 남들이 가는 여행지와 비슷한 여행지를 가는 등 다른 사람들과 비슷한 행동을 하는 것을 유행을 따른다고 합니다. 대개는 패션이나 문화, 예술, 음식, 건축, 전자제품 등 외형적으로 한 시대에 일시적으로 모든 사람의 마음을 사로잡는 무언가가 나올 경우 유행이라는 트렌드가 만들어지고 많은 사람이 이 트렌드에 동참하려는 현상이 나타납니다.

하지만 SNS가 전방위적으로 퍼지면서 우리 일상에 깊숙이 들어오고, 특히 어린아이 때부터 SNS를 통해 자신의 또래 집단이 어떤 인지적 사고와 행동 패턴을 보이는지 실시간으로 볼 수 있게 되면서 이제 우리 삶의 물질적 부분뿐 아니라 인지적 영역에서도 유행과 트렌드가 쉽게 만들어지는 사회에 살고 있습니다. 즉, 개인이 세상에서 벌어지는 일들을 자신만의 독특한 경험을 통해 해석하고 행동해 보면서 자신만의 정보처리 맥락을 형성하기 어려운 환경이 되었다는 뜻입니다. 심지어는 무엇을 보고 무엇을 경험할 것인가조차 인공지능 알고리즘이 탑재된 서비스들이 추천하고 결정해 줍니다. 자신이 알고 있던 것과 전혀 다른 무언가를 독특한 방식으로 경험할 수 있는 기회 자체가 점차 사라지고 있습니다. 이것은 사회의 진화와 인류의 적응 및 생존이라는 측면에서 보면 뇌인지의 다양성이 사라지고 있다고 볼 수 있고, 다양성이 줄어들면 그만큼 어려운 문제를 마주했을 때 기발한 해결책을 낼 가능성도 점차 줄어들면서 인류의 생존을 위협하게 됩니다. 이것은 종의 진화의 역사를 보면 너무도 자명한 이치입니다. 따라서 세상에서 벌어지는 일에 대해 남과 차별되는 나만의 독특한 맥락적 정보처리 방식을 나의 뇌에 가꾸는 것은 이제 나의 존재의 이유를 넘어 인류와 사회의 적응과 생존과도 직결되는 매우 중요한 우리 모두의 과제라는 생각이 듭니다.

(28)

맥락의 오용을 경계하라

Perfect Guess

뇌는 학습을 통해 맥락을 형성하기도 하고 주변 상황에서 맥락을 읽어 내기도 하지만 중요한 것은 맥락을 통해 정보처리의 애매한 부분이나 부족한 부분을 메꾼다는 것입니다. 앞에서도 이야기한 바 있지만, 우리 눈의 망막에는 망막에 있는 세포들이 뇌의 시상으로 보내는 신경다발들의 통로가 되는 부분이 있는데 여기에는 빛을 감지하는 세포가 없습니다. 이를 맹점이라고 했죠. 신기하게도 우리는 시각적으로 이 맹점에 해당하는 부분을 느낄 수 없습니다. 왜 그럴까요? 컴퓨터 모니터에 비유한다면 LCD 모니터의 픽셀 몇 개가 불량이거나 없어서 그 부분이 화면에서 까맣게 나오는 것이어야 할 것 같은데 신기하게도 우리는 아무리 주변을 둘러보아도 어떤 장면에서 마치 고장

난 픽셀처럼 까맣게 보이는 부분은 지각하기 어렵습니다. 이것은 우리 뇌의 시각피질을 포함한 시각 정보처리 시스템이 정보가 들어오지 않는 이 맹점에 맺히는 외부 세계 정보를 그 주변을 표상하는 세포들이 만드는 맥락 정보를 가지고 메꿔 주기 때문입니다. 즉, 맥락적 추론을 해주는 것이죠. 이것은 뇌가 물리적으로 불가능한 부분들을 메꾸고 자연스러운 것처럼 보이게 하기 위해 매우 흔하게 쓰는 트릭이라고 볼 수 있습니다.

바꿔 말하면, 뇌의 세포와 신경망의 정보처리는 맥락에 의해 거의 절대적으로 영향을 받는 경우가 많다는 것입니다. 하지만 이 점을 누군가 악용하기 시작하면 그다지 바람직하지 않은 방향으로 뇌의 작동을 편향시킬 수 있습니다. 역사는 이러한 일들을 무수히 목격한 바 있습니다. 가장 먼저 떠오르는 예는 나치당과 아돌프 히틀러가 집권했던 독일에서 벌어졌던 세뇌 교육이 아닐까 합니다. 영어로 브레인워싱brainwashing이라고 하는 세뇌는 뇌에 특정한 사상이나 사고방식을 주입하여 그 사람의 행동을 바꾸는 것을 말합니다. 이 세뇌의 핵심이 바로 특정한 방식으로 편향된 맥락을 뇌의 신경망에 학습시켜 뇌의 모든 작용이 그 맥락의 영향을 받도록 만드는 것입니다. 나치는 히틀러가 주장한 우생학을 모든 학교의 어린이들에게 가르치며 게르만족은 유색인종에 비해 선천적으로 우월하고 특히 유대인은 이 지구상에서 사라지게 해야 한다는 맥락적 사고를 하도록 교육했습니다. 어리고 아직 뇌의 신경망이 엄청난 가소성을 발휘하며 세상의 맥락을 흡수하며 학습하는 시기에 세상을 보는 잘못된 맥락을 심어 주려 노력한 것입니다. 이는 제국주의, 민족주의, 전체주의 등 여러 가지 형태로 역사에 나타났으며 우리나라 역시 일본의 제국주의 시대 식민 지배를 겪는 동안 일본이 원하는 맥락을 학습하도록 강요당한 아픈 역사를 갖고 있습니다. 일본의 언어와 역사를 주입식으로 가르치며 일본식의 사고패턴과 맥락을 뇌에 심으려 한 것입니다.

❖

제국주의 시대가 지난 현대에는 어떠할까요? 인간의 뇌는 항상 좋은 맥락과 나쁜 맥락에 모두 노출되어왔지만 특히 생성형 인공지능의 힘을 빌려 양산되는 잘못된 정보가 무서운 기세로 퍼지고 있는 현대사회에서는 너무도 쉽게 나쁜 맥락에 빠질 수 있다는 사실을 걱정하지 않을 수 없습니다. 여러 조각의 지식을 짜깁기하여 그럴듯한 뉴스처럼 만들고 이를 매우 복잡하고 거대한 SNS망에 태워 사람들이 자주 접하게 하면 뇌는 그 거대하고 강력한 맥락의 영향을 받지 않을 수 없습니다. 광고를 업으로 하는 직업인이라면 사람들의 뇌가 특정 자극에 대한 단순 노출의 횟수에 얼마나 영향을 많이 받는지 잘 알고 있을 것입니다. 그래서 광고를 한 번이라도 더 사람들이 보고 들을 수 있는 곳에 내보내려고 소리 없는 전쟁이 벌어지는 것이죠. 특히 생성형 인공지능은 잘못된 정보를 더 믿을 수밖에 없는 진짜 정보처럼 보이게 하는 데 큰 역할을 합니다. 미국의 전 대통령인 도널드 트럼프가 경찰관들에게 쫓겨 도망가는 장면과 경찰들에게 저항하며 수갑이 채워지는 사진들이 너무도 사실적으로 만들어져서 이 사진들을 보고 기사를 보면 누구나 트럼프가 체포되었다고 믿게 됩니다. 미국의 국방부 펜타곤 건물이 화염에 휩싸여 불타고 있는 장면은 심지어 증시에도 영향을 미칠 정도로 사실적으로 보이는 가짜 정보였고, 프란체스코 교황이 하얀 패딩 점퍼를 입고 있는 모습도 매우 사실적인 인공지능 생성형 프로그램의 쇼였습니다. 이런 사진들이 섬뜩한 이유는 더 이상 사진만 보고는 무엇이 진짜이고 무엇이 가짜인지 알 수 없을 만큼 인공지능의 감각 조작술이 완벽에 가까워졌다는 점 때문입니다. 이런 사진들이나 영상들이 대규모로 특정한 맥락을 형성하기 시작하고 만약 누군가 사람들의 사고방식을 제국주의 시대의 독일의 나치처럼 특정한 방식으로 편향시켜 돈을 벌거나 정치적 이익을 취한다면 이는 인간 뇌가 가진 가장 큰 장점을 거꾸로 가장 큰 약점으로 만들어 착취하는 안 좋은 사례를 만드는 일입니다.

(29)

뇌에 갈등 극복의 실마리가 있다

Perfect Guess

3부에서 꼰대를 설명하며 유명한 '라떼는 말이야' 라는 광고를 이야기한 바 있습니다. 서로 다른 맥락에서 학습한 뇌들이 충돌하며 잘못된 논쟁이 펼쳐지는 오래된 예시 중 하나인 세대 갈등에 대한 내용이었습니다. 또, 지금까지 여러 가지 사례를 들어 뇌의 특성을 설명하며 경험을 통해서 세상이라는 숲과 맥락을 형성하는 뇌의 특성을 설명했습니다. 이러한 뇌의 특성으로 인해 비슷한 경험을 공유하는 세대, 즉 비슷한 시기에 태어나 비슷한 역사적 사건을 겪으며 비슷한 경험적 학습을 한 특정 그룹의 사람들은 일정한 현상을 보면 비슷한 해석을 하고 비슷한 대응을 합니다. 이들은 맥락을 공유하며, 이들을 같은 '세대'라고 부릅니다. 386세대나 MZ세대를 지칭할 때 쓰이는 그 단어 '세대'는 바로 맥락을 공유하는 집단이라고 볼 수 있습니다. 뇌는 맥락적 정보처리를 위해 끊임없이 맥락을 학습하고 이를 활용한다고 지금까지 많이 강조했죠? 그렇다면 '한 시대를 같이 살았던 비슷한 경험을 공유하는 세대가 자신들과 비슷한 경험을 전혀 하지 못한 세대를 이해하고 어울리는 것이 과연 가능한 것인가'라는 물음을 던져 볼 만합니다. 이에 대해 부정적인 답을 내놓는 사람은 '아마도 그건 뇌의 학습 원리를 거슬러서 탈맥락적인 정보처리를 하라는 것 아닌가요?'라는 반론을 제기할 수 있습니다.

이러한 반론은 타당합니다. 인간처럼 뇌의 전전두엽Prefrontal lobe과 내측측두엽이 발달하지 않은 다른 종의 동물이라면 말이죠. 인간 두뇌의 맨 앞부분에 있는 전전두엽에는 특히 전전두피질이라고 불리는 피질 영역이 있습니다. 물론 내측측두엽의 기능적 핵심은 해마에서 담당한다고 볼 수 있습니다. 이 전전두피질과 해마의 컬래버를 통해 우리 인간은 실제로 경험하지 않은 것을 상상할 수 있고 앞으로 벌어질 일을 시뮬레이션해 볼 수 있습니다. 앞으로 벌어질 일이나 자신의 경험을 뛰어넘는 가상의 일을 상상할 수 있는 인간의 능력은 인간보다 진화 단계에서 뒤처진 동물들과의 생존 경쟁에서 인간이 엄청난 우위를 점할 수 있게 해줍니다. 이러한 능력은 우리가 위험을 예측하고 대처할 수 있게 해주고, 더욱 효율적인 순서로 일할 수 있도록 해줍니다. 그렇다면 왜 인간은 이토록 발달된 전전두피질과 해마를 필요로 하게 되었을까요? 무슨 상상을 그렇게 많이 필요로 했을까요? 호랑이를 피하기 위해서? 아니면 천재지변을 피하기 위해서? 물론 이런 이유들도 중요했겠지만, 추측하건대 여러 사람이 모여 사회생활을 하며 나타나는 갖가지 사건을 기억하고 그 사회에서 남보다 먼저 상황을 예측하고 대비할 필요가 있었기 때문일 겁니다. 실로 아주 작은 그룹의 사람들만 모여도 그 안에서 생겨 나는 사람들 사이의 역동적인 관계는 지금의 인공지능도 다루기 어려울 만큼 복잡하고 가변적입니다.

❖

다시 세대 갈등 문제로 돌아가 봅시다. 우리는 고도로 발달된 전전두피질과 해마 시스템의 능력을 다른 세대의 성장 과정과 경험, 그리고 그로부터 나온 그들의 행동 방식과 태도를 이해하는 데 잘 쓰지 않는 것 같습니다. 기성세대는 새로운 세대를 이해할 수 없다고만 하고 젊은 세대 역시 기성세대를 꼰대들로 치부하며 대결 구도를 형성합니다. 이것이 뇌의 어쩔 수 없는 속성이라고 말하는 사람이 있다면 그는 하나만 알고 둘은 모르는 어설픈 뇌인지과학 지식의 소유자라고 감히 말할 수 있습니다. 이 모든 갈등 역시 이렇게 대결 구도 속에 있는 뇌가 상대방의 성장 과정과 경험, 그리고 상대방이 그 과정에서 어떤 사건을 겪으며 어떤 맥락을 갖게 되었는지를 '학습'하는 훈련을 어렸을 때부터 받지 못했기 때문에 생겨 난다고 생각합니다. 인간의 거의 모든 행동과 태도는 학습된다는 평범한 진리죠. 즉, 내가 젊은 세대를 이해하고 싶지 않고 그들이 못마땅하다면 그것은 어딘가에서 그렇게 내 입장을 정하는 것이 이롭고 편하다는 것을 학습한 결과입니다. 젊은 사람 역시 마찬가지 학습을 할 수 있을 것입니다. 그리고 그러한 학습의 결과로 나타나는 행동을 했을 때 부정적인 결과가 행동 수정을 요구할 만큼 크지 않았을 가능성이 높습니다.

분명한 것은 인간의 뇌는 이러한 맥락적 편향을 극복할 수 있을 만큼 고성능을 자랑한다는 점입니다. 따라서 어려서부터 자신과 다른 경험을 한 사람들의 이야기를 듣고 실제로 체험도 해보고 상대방의 행동이 자신과 다르다고 할지라도 그 행동이 나오게 된 맥락적 학습의 배경을 이해하는 방법을 학습한다면 세대 차이에서 나오는 갈등은 얼마든지 극복 가능하다고 생각합니다. 한 가지 걱정은 고도로 발달된 지금의 SNS 환경에서는 예전처럼 역지사지의 학습을 하는 것이 오히려 쉽지 않다는 것입니다. 자신과 비슷한 사람들이 너무도 쉽게 집단을 형성할 수 있고, 그 집단이 맥락적으로 편하게 생각하는 지식과 뉴스만을 인공지능 알고리즘이 아주 친절하게 스크리닝해서 무한 제공해 주는, 그야말로 정보 편식이 가능한 시대에 살고 있기 때문이지요. 인간의 뇌를 한쪽으로 편향시키는 인공지능의 '맥락 몰이'는 앞으로 더더욱 심해질 것이고 정치가나 기업 등이 이를 십분 활용할 것은 자명합니다. 하지만 우리의 뇌는 수백만 년의 진화를 거쳐 어떠한 환경 변화에도 적응할 수 있는 놀라운 능력을 갖고 있습니다. 지금의 환경 변화 역시 우리 모두가 이러한 맥락적 뇌의 정보처리 원리를 알고 대응한다면 적응적으로 극복할 것이라고 확신합니다.

(30)

AI의 상향식 맥락 VS 뇌의 하향식 맥락

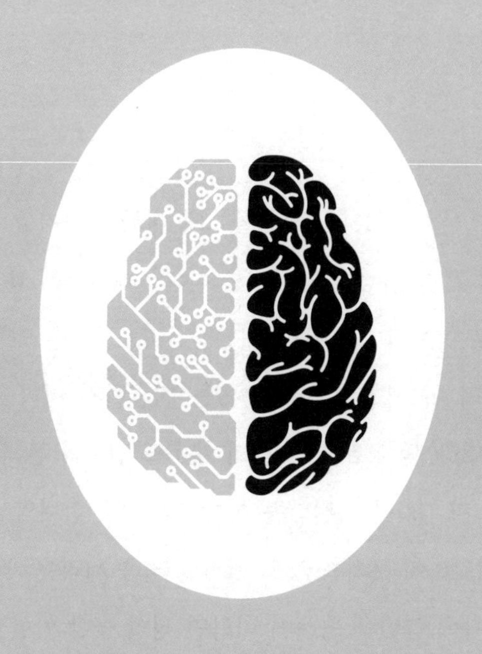

Perfect Guess

인공지능의 맥락 몰이에 대한 이야기를 잠깐 했는데, AI라고 흔히 일컫는 인공지능artificial intelligence에 대한 연구가 본격적으로 학문적 첫걸음을 내딛었다고도 볼 수 있는 1950년대 중반부터 이 책을 집필하고 있는 지금까지 이미 70년 이상이 흘렀습니다. 앞으로 30년을 더 채우면 인류가 본격적으로 AI를 연구한 지 100년이 된다는 이야기입니다. 현재의 AI가 인간의 뇌와 비교하여 못하는 것도 많지만 처음 AI라는 개념을 사람들이 마음속에 품었을 당시에 비하면 정말 놀랄 만한 성장을 했습니다. 어찌 보면 AI는 이제 일곱 살 된 아이라고 생각해도 될 것 같습니다. 앞으로 30년이 지나면 열 살이 되겠죠? 일곱 살 된 아이에게 성인처럼 기능하지 못한다고 비난하는 일은 잘못된 것입니다. 당연히 앞으로 갈 길이 멀고 지금까지 성취한 AI의 놀랄 만한 기술적 발전을 칭찬해 주는 게 맞을 것입니다.

실로 지금의 기계학습machine learning과 심층학습deep learning과 같은 키워드로 대변되는 AI는 소위 빅데이터big data라고 불리는 엄청난 데이터를 게걸스럽게 학습하여 그 안에 존재하는 패턴을 잡아내는 데 탁월한 능력을 보입니다. 무수히 많은 정보의 홍수 속에 존재하는 패턴을 추출해 내는 작업은 다분히 상향식bottom-up 맥락 추출 작업이라고도 볼 수 있습니다. 우리 뇌의 초기 감각 시스템도 이런 방식의 정보처리를 어느 정도 합니다. 사실 AI의 이런 상향식 패턴 추출 학습은 무섭게 발달해 온 컴퓨터의 성능 향상이 없었다면 불가능한 학습 방법입니다. 특히 컴퓨터에서 연산작업을 수행하는 핵심적인 부분인 코어core의 수가 흔히 우리가 알고 있는 중앙처리장치CPU가 몇 개 정도에 그치는 데 비해 그래픽처리장치를 탑재하면 수백 개에서 수천 개로 늘어납니다. 그만큼 엄청난 양의 정보를 빠른 속도로 병렬처리할 수 있습니다. 병렬처리를 할 수 있다는 것은 멀티태스킹을 할 수 있다는 말입니다. 지금의 AI에서 정보처리를 위해서 필요한 것은 바로 이런 빠른 병렬처리를 통해 많은 데이터를 처리하는 능력입니다. 인간은 처리할 수 없는 양의 데이터를 인간의 뇌가 구현할 수 없는 속도로 분산 처리하면서 인간의 뇌와 비슷하게 보이려고 노력 중인 것이 지금의 AI라고 할까요? 이러한 과정에서 AI는 인간의 뇌가 발견할 수 없는 패턴과 데이터에 존재하는 내부 질서를 발견할 수도 있어 인간에게 도움을 주고 있습니다.

AI가 패턴을 잘 읽어 내는 분야는 현재로서는 인간의 초기 감각과 지각 영역 정도에 머무르고 있습니다. 음성이나 소리를 인식해서 언어로 변환한다거나 사진이나 영상을 보여 주면 그 안에 있는 얼굴이나 사물을 인식하는 AI 기술은 매우 발전해서 이제 특정 조건(변화가 별로 없는 환경)에서 테스트할 경우 사람이 이길 수 없는 수준에 이르렀습니다. 이 밖에도 최근에는 AI가 인간의 언어를 인식하는 능력 또한 비약적으로 발전했습니다. 인간의 언어를 기계의 인공적 언어와 비교해서 자연어natural language라고 부르고 자연어를 처리하는 컴퓨터 과학의 영역을 영어의 약어로 NLP natural language processing라고 부릅니다. 최근 유행하고 있는 챗봇chatbot인 챗 GPT 역시 이러한 자연어 처리 및 생성에 탁월한 성능을 보이고 있습니다.

외부에 존재하는 자극들을 알아보고 인식할 수 있게 된 지금의 AI는 그럼 인간 뇌의 감각과 지각 영역, 특히 시각과 청각의 초기 정보처리 과정을 이제 완전히 흉내 낼 수 있게 된 것일까요? 특히 언어의 경우 기계가 마치 사람처럼 말을 하고 대화를 할 수 있게 되면서 AI가 이제 정말 인간을 대체할 것이라는 두려움에 사로잡히는 사람들도 주변에서 자주 볼 수 있습니다. 하지만, 뇌인지과학자의 입장에서 보면 지금의 AI가 사람의 뇌의 정보처리를 완전히 흉내 내고 있지는 못합니다. AI가 사람의 뇌와 비슷해지고 있냐는 질문에 대해서는 이 책을 읽으며 지금까지 맥락이라는 것이 무엇인지와 뇌는 왜 맥락적으로 정보를 처리해야만 하는가를 이해하셨다면 쉽게 답할 수 있을 것입니다.

❖

우리의 뇌는 지금의 컴퓨터처럼 세상의 자극들 속에 존재하는 모든 패턴을 상향식으로 분석할 시간과 에너지가 없습니다. 그리고 뇌의 뉴런들로 이루어진 신경망의 정보처리 속도를 고려할 때 이는 불가능합니다. 아니 가능하다고 해도 이는 세상 속에서 살아남는 데 적응적이지 않고 전혀 도움이 되지 않습니다. 비록 초기 감각과 지각 과정에서 감각기관으로부터 물리적 에너지가 신경신호로 변환되면서 시상을 거쳐 뇌의 피질로 정보전달이 이루어지기까지 상향식 정보처리가 일어나기는 하지만, 이 책의 앞에서도 설명했다시피 실제 뇌의 지각 과정을 살펴보면 이는 기능적으로 일부분에 지나지 않습니다. 세상은 눈으로 보는 것이 아니라 뇌로 본다는 말이 있습니다. 그리고 우리는 뇌가 보고 싶은 것을 보는 것이지 바깥에 있는 것을 보는 것이 아니라는 말도 있습니다. 미술에서는 인상파impressionism의 화가들이 사물이 주는 인상impression을 그리면서 이러한 뇌의 특성을 잘 보여 준 사례도 있습니다. 즉, 사진처럼 대상을 있는 그대로 정확히 묘사하는 게 목적이 아니라 대상에서 자신의 뇌가 받은 인상을 그림의 중요한 주제로 삼는다는 것이죠. 이런 말과 사례들이 공통적으로 전달하고자 하는 바는 인간의 뇌는 사물이나 환경을 인식하기 전에 이미 무엇을 볼 것인지 인지적 모델을 가지고 예측하며 그 예측에 맞는 것을 찾는 과정을 수행한다는 것입니다. 그리고 그 인지적 모델은 개인의 성장과정에서 학습을 통해 저마다 다르게 형성되어 개인차가 있을 수 있고 심지어 그날의 감정에 따라 조금씩 달라질 수도 있는 속성을 가지고 있습니다.

이처럼 인간이 환경 및 환경 속의 무언가를 알아보는 과정은 다분히 하향식으로 인지적 모델에 맞는 맥락 적용하기에 가깝습니다. 과수원을 걷다가 바닥에 떨어진 빨간 물체를 보고 사과라고 생각했으나 가까이 가서 보니 사과가 아니고 비슷한 색깔의 버려진 장난감 인형임을 발견하는 것이 인간에게만 일어나고 AI에게는 일어나지 않는 이유는 인간의 뇌는 과수원이라는 공간적 맥락이 그 공간에서 어떤 물체를 마주칠 것임을 미리 예측하게 해주고 마주치는 모든 물체를 순간적으로 그 맥락에 맞게 인식하도록 부추기는 '맥락적 물체 재인contextual object recognition' 시스템을 갖고 있기 때문입니다. 바닥에 떨어진 것이 장난감 인형인지 나무에서 떨어진 사과인지를 구분하는 그 순간에는 지금의 발달된 AI 못지않게 상향식 패턴 분석을 할 수 있는 뇌이지만 이것이

평상시 뇌의 작동 모드는 아닙니다. 뇌는 정말 필요할 때가 아니면 에너지를 많이 써야 하는 이런 작업은 하지 않습니다.

어렸을 때 텔레비전에서 자주 보던 〈전설의 고향〉이라는 프로그램이 생각납니다. 길 가던 나그네가 겁에 질려 칠흑 같은 어둠 속에서 귀신을 볼까 두려워하며 걷다가 진짜 귀신을 보고 기겁해서 도망가는 장면이 자주 나왔습니다. 하지만 아침에 다시 그 장소에 가보면 귀신이 아니라 밝은색의 바위였거나 사람 형상을 한 무언가인 경우가 많죠. 이렇게 존재하지 않는 것을 보는 것은 인간만이 가진 능력이고 지금의 AI는 〈전설의 고향〉에서 나그네가 한 경험을 절대 하지 못할 것입니다. 인간의 뇌가 이렇게 적극적으로 바깥세상을 하향식으로 예측하려고 하는 이유는 무엇일까요? 아마 진화의 과정을 거치면서 이렇게 예측하지 않고 자극을 마주치고 나서야 비로소 상향식으로 분석하는 시스템은 생존이라는 시험대에서 모두 도태되었기 때문일 것입니다.

(31)

인간의 작은 뇌에서 큰 의미를 찾는 법

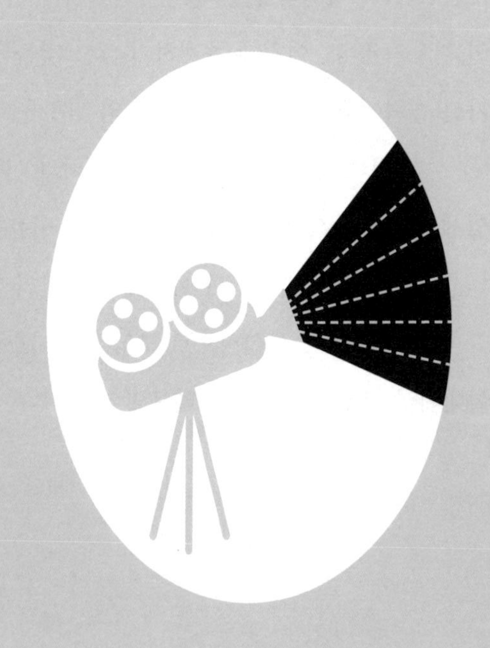

Perfect Guess

인간의 뇌처럼 내 주변에 무엇이 나타날 것인지, 나는 누구를 만날 것인지, 오늘 어떤 일을 하게 될 것인지, 오늘 어떤 기분을 느끼게 될 것인지 등 많은 예측을 실시간으로 내놓기 위해서는 세상과 '나'에 대한 모델이 필요합니다. 흔히 아파트를 계약하기 전에 모델하우스라고 하는 전시용 아파트에 가서 내부를 보면 자신이 앞으로 살 집을 어떻게 활용해야 하는지 머릿속으로 상상 혹은 시뮬레이션해 볼 수 있게 됩니다. 베란다에는 무엇을 놓고 어떤 활동을 할 것인지와 거실에는 가구를 어떻게 배치할지 등을 구체적으로 시뮬레이션해 볼 수 있고, 이제 모델하우스를 나와 집을 가면서도 뇌는 머릿속에 공간을 그려 볼 수 있습니다. 이와 마찬가지로 우리는 행동하기 전에 늘 상황에 맞는 모델을 꺼내서 예측합니다. 뇌가 무의식적으로 예측하는 경우도 많기 때문에 우리 뇌가 항상 무언가를 예측하려고 한다는 것을 의식하지 못할 수도 있습니다. 그러다 그 예측이 보기 좋게 빗나갔을 때 비로소 문득 자신이 무언가를 예상하고 있었다는 점을, 즉 기존의 모델을 가지고 결점이라고는 깨닫지 못할 만큼 '완벽한 추론'을 하고 있었다는 것을 깨닫게 됩니다. 이렇게 기존 모델에 의한 추론에 어긋나는 경험은 그 모델을 다시 완벽하게 만들 수 있는 업데이트 혹은 업그레이드 기회입니다. 태어나면서부터 평생 이런 식으로 뇌는 세상 속에서 적응하고 생존하기 위해 내 머릿속의 각종 모델을 정교하게 만들고 업데이트합니다.

경험적 학습을 통해 형성한 뇌의 인지적 모델은 애매한 자극과 상황에 대해 즉각적으로 거의 완벽에 가까운 추론을 할 수 있는 강력한 생존 도구입니다. 그리고 지금의 AI와는 달리 뇌는 이러한 모델을 형성하는 데 그다지 많은 데이터를 필요로 하지 않습니다. '멍멍이'와 함께 몇 번 놀아 본 아이는 반려견을 비롯해 비슷한 동물에 대해 무엇을 기대해야 하는지 금세 인지적 모델을 형성합니다. 멍멍이는 공을 던져 주면 물어와서 재밌게 같이 놀 수 있고, 내가 쓰다듬어 주는 것을 좋아하고, 목줄을 해서 같이 돌아다니는 놀이도 할 수 있고, 낯선 사람이 오면 아마도 크게 짖을 것이고, 내가 간식을 주려고 준비하면 얌전하고 순응할 것이라는 등의 예측적 모델들이 뇌에 한가득 떠오를 것입니다. 즉,

사물인식 AI와 달리 아이의 뇌는 강아지를 보는 순간 개라고 명명하고 끝나는 게 아니라 과거의 모든 경험에 근거한 예측적 모델들이 활성화되면서 개하고 무엇을 하고 놀 수 있는지와 무엇을 기대할 수 있는지를 시뮬레이션할 수 있을 것입니다. 그리고 만약 옆집 개에게 내가 우리 집 개와 같이 하던 놀이를 해줬는데 별로 반응이 없다면 그 놀이 모델은 다시 수정되고 업데이트될 것입니다. 많은 개와 놀아 본 아이의 인지적 모델은 더욱 정교해지겠죠.

✣

요즘에는 대중 강연을 하거나 방송에서 뇌인지과학 관련 정보 전달을 할 기회가 있을 때마다 지금처럼 AI가 발달한 시대에 자녀 교육을 어떻게 해야 하는지에 대한 조언을 구하는 분들을 자주 만납니다. 심지어 대학에서도 지금까지의 교육 방식에서 탈피해서 미래지향적인 교육 방식을 새롭게 정립하고자 많은 토론과 논의와 실험적인 시도들이 이루어지고 있습니다. 이런 논의와 질문이 오가는 배경을 잘 알 수 있는 사태가 최근 뉴스에도 등장하고 있죠. 지금의 AI는 고성능 컴퓨터를 기반으로 인간보다 더 빠르고 정확하게 환경 속의 자극들을 인식해서 판별해 줍니다. 또, 생성형 AI generative AI는 빅데이터를 통해 학습한 패턴들의 확률적 재조합을 통해서 새로운 패턴을 생성해 주고 있습니다. 문제는 속도와 양인데, 인간이 새로운 것을 창작해 내는 속도와 양에 비교가 안 될 정도로 생성형 AI는 많은 수의 창작물을 끝없는 패턴 조합을 통해 순식간에 생성해 냅니다. 2023년 여름, 미국의 할리우드에서는 약 60년 만에 처음으로 미국 배우 조합과 작가 조합이 힘을 합쳐 파업을 시작했습니다. 파업의 대상은 넷플릭스같이 영화 스트리밍 서비스를 제공하는 기업이며, 파업의 주된 이유는 기업들의 무차별 AI 기술 사용으로 인해 창의적 작업을 하는 인간 노동자들의 정당한 권리와 노동에 대한 보상이 위협을 받고 있다는 것입니다.

이들 조합원들의 요구사항 중 하나는 AI가 생성한 얼굴과 음성 및 무대미술 디자인 등의 사용을 영화 제작 기업들이 금지해 달라는 것입니다. 영화를 만드는 데 수많은 스태프의 노력이 있지만 그중에 어떤 영화의 시대적 배경이나 분위기에 맞는 장면을 연출하고 디자인하는 미술 관련 스태프들은 AI 기술의 직격탄을 맞았다고 해도 과언이 아닙니다. 흔히 미국의 아카데미 영화제의 미술상이라고 알려진 영화의 프로덕션 디자인production design에 해당하는 분야입니다. 아티스트가 밤을 새워 몇 달간 작업해서 그려 내는 작품의 양과는 비교가 안 될 정도로 많은 양의 디자인을 AI가 단 몇 분 혹은 몇 시간 만에 생산해서 제작자가 고를 수 있게 해주니 인간이 이를 따라갈 재간이 없는 것이죠. 미술 부분뿐 아니라 음향효과나 시각효과 및 컴퓨터그래픽CG이라 고 불리는 특수효과 영역까지 이제 영화를 거의 기계하고만 만들어도 될 정도로 영화 제작의 많은 부분을 차지했던 인간 스태프들이 설 자리가 없어진 것은 충격적인 현실입니다. 하지만 제작사로서는 당연히 돈을 절약할 수 있고 더 많은 옵션을 제공해 주며 밤낮없이 일해 주는 기계를 선호할 수 밖에 없지요. 그렇다면 그 많은 기존의 아티스트와 스태프들은 어디서 무슨 일을 이제 하며 생계를 이어 가야 하는 것일까요?

기계와 인간의 일자리 다툼이 할리우드에만 국한되어 일어날까요? 그렇지 않을 것입니다. 앞으로 이런 다툼과 분쟁은 점점 더 많은 직업군으로 번질 것이며 대책이 필요한 것은 확실합니다. 흔히들 지금의 상황을 20세기 초에 자동차가 발명되면서 말이 끄는 마차를 자동차가 대체한 상황에 많이 비유합니다. 새로운 기술이 압도적 설득력을 지니면서 생활 경제적 장면에 나타나면서 기존에 그 기능을 하던 기술을 완전히 밀어내 버린 사례 중 하나죠. 그 많던 마차들의 마부들이 지금의 할리우드에서 일하고 있는 영화 제작에 참여하는 많은 스태프에 비유되곤 합니다. 혹은 자석식 수동전화를 쓸 때 꼭 필요했던 전화 교환수가 전자식 전화로 바뀌면서 필요 없어지게 된 것도 비슷한 예일 것입니다. 영화 〈히든 피겨스Hidden Figures〉에는 미국의 항공우주국NASA 에서 계산기로 복잡한 계산을 하던 직원들이 IBM의 컴퓨터가

도입되면서 일자리를 잃게 될 뻔한 이야기를 재밌게 그려 내고 있습니다. 계산 전문 직원들이 후에 컴퓨터 프로그래밍을 빠르게 배워 일자리를 잃지 않게 된 것처럼 영화에서는 아름다운 결말이 그려졌지만 사회 여러 분야에서 신기술에 의해 대체되는 운명에 처한 사람들에게는 그렇게 아름다운 이야기로만 다가오지 않을 것입니다.

그렇다면 AI에게 인간이 하던 일정 부분의 일을 내줘야 한다면 우리 인간은 무엇을 해야 할까요? 이 고민은 앞으로 대학을 포함한 학교에서 무엇을 가르쳐야 하는가와 직결된 문제이고 자녀 교육과 직결된 문제여서 중요합니다. 사람이 역사적으로 남긴 모든 패턴과 자연이 생성하는 모든 패턴을 그 방대함에 아랑곳하지 않고 무차별적으로 분석해서 그 안에 숨어 있는 맥락과 질서를 우리에게 알려 줄 수 있고 이를 바탕으로 예측 모델까지 내놓을 수 있는 AI는 분명 인간의 가장 강력한 발명품 중 하나가 될 가능성이 높습니다. 20세기 초에 자동차에 일자리를 뺏긴 마부들의 비유는 그다지 적절하지 않을 수도 있는데, 지금은 20세기 초처럼 기계가 하지 못하는 일들을 인간이 할 수 있는 가능성이 매우 희박해졌기 때문입니다. 생명체는 환경에서 적응하고 생존하기 위해 자기만의 틈새 혹은 '니치niche'를 찾아 그 틈새시장을 공략해야만 합니다. AI를 비롯한 기술이 발달하고 고도화되면서 이 틈새가 너무도 좁아져서 찾기 어렵게 된 상황이죠.

❖

하지만 지금의 AI가 남겨 놓은 틈새시장은 뇌인지과학의 입장에서 보면 여전히 매우 넓은 시장입니다. 지금의 AI가 잘할 수 있는 분야에 대해 지식을 좀 갖춘다면 그 틈새가 어디인지도 쉽게 찾을 수 있습니다.

일단 빅데이터 기반 정보처리가 활발히 활용되는 분야에서는 이제 AI와 인간이 경쟁할 수 없습니다. 애초에 인간의 뇌는 이런 식의 정보처리에 특화되어 있지 않습니다. 인간을 비롯한 생명체의 뇌는 소수의 경험을 통해 큰 모델을 형성하는 자동적 맥락 생성기와 같습니다. 물론 하나의 경험만으로 학습된 모델은 다음에 비슷한 상황에서 잘 맞지 않고 수정되어야 할 확률이 높지만 그래도 모델이 아예 없는 것보다는 행동하는 데 유리하기 때문에 무조건 모델을 형성하고 보자는 것이 뇌의 작업 방식입니다. 화성에 가서 기지를 건설해야 하는 작업 등은 화성에 대한 빅데이터가 없는 상황에서 기계가 할 수 없는 작업이죠. 즉, 빅데이터라는 것이 나오기 어려운 사회 곳곳의 장면에서 아직 인간이 할 일이 많다는 뜻입니다.

그리고, 데이터화되는 것 자체가 어려운 분야에서 인간은 역시 오랫동안 AI보다 훨씬 빛을 발할 것입니다. 그중 한 분야는 인간과 인간 사이의 사회적 상호작용을 해야 하는 분야일 것입니다.

인간이 감정과 정서를 전달하는 방식과 매우 미묘한 의사 표현을 하는 방식은 꼭 언어로만 이루어지는 것이 아니며 보디랭귀지body language 등의 다양한 방식으로 이루어지기 때문에 현재의 기술로는 완전하게 데이터화하는 것이 불가능합니다. 이는 생명체로서의 인간의 뇌가 가장 잘할 수 있으며 기계가 하기 어려운 영역 중 하나입니다. 예술과 창작의 영역에서도 어디서 보고 들은 듯한 무언가가 아니라 진정 독창적이고 마음속 내면의 무언가와 연결되는 듯한 감동적인 창작물은 당분간 AI가 할 수 없는 인간만의 영역일 것입니다.

(32)

더 완벽한 추론

Perfect Guess

AI와의 경쟁 아닌 경쟁으로 인해 이제 인간의 뇌는 제한된 경험에 의해 만들어진 인지적 모델을 가지고 세상 속의 애매하고 새로운 자극이나 상황에 대해 나름 완벽한 추론을 하던 장점을 극대화해야 하는 입장에 놓였습니다. 이것은 인간 뇌의 진화를 위한 또 다른 환경의 압박이라고 보아도 될 것 같습니다. 진화의 과정에서 생명체는 무수히 많은 환경의 변화를 겪었고 그때마다 다양한 옵션 중 가장 그 역경을 뚫고 나가는 데 최적화된 옵션을 선택하고 나머지 옵션들을 과감히 폐기함으로써 생존해 왔습니다. '그 생존에 최적화된 옵션이 무엇일까'는 우리에게 남은 숙제이지만 2022년 후반에 자율주행차 시장에서 벌어진 일을 보면 힌트를 얻을 수 있을 것 같습니다. 아르고Argo라는 자율주행 기술 개발 회사에 40억 달러에 가까운 거액의 투자를 했던 세계적인 자동차 회사인 포드Ford와 폭스바겐Volkswagen이 2022년 '완전 자율주행차 기술 개발'을 포기하겠다는 충격적인 선언을 했습니다.

자율주행이라는 말 자체는 기계가 스스로 알아서 돌아다닌다는 말이죠. 하지만 이 간단하게 들리는 기능이 얼마나 공학적으로 어려운 일인지, 거의 불가능에 가까운 일이라는 것을 자율주행차를 개발하는 사람들은 아마도 잘 알고 있을 것입니다. 우리 인간을 비롯한 동물들이 너무도 자연스럽게 하기 때문에 쉬워 보일 수 있으나 사실상 완전 자율주행이 가능하다는 것은 뇌의 기능을 완벽하게 카피했다고 볼 수 있습니다.

완전 자율주행이라는게 무슨 말일까요? 부분 자율주행이라는 것도 있다는 말일까요? 그렇습니다. 공학적으로 자율주행차 개발의 단계를 나누기 위해 자율주행의 단계를 크게 5단계로 나누고 5단계에 도달해야만 비로소 기계가 완전한 자율주행을 한다고 말합니다. 자율주행 1단계는 인간 운전자가 대부분의 주행을 하고 기계는 차선 이탈 시 경고음을 울리거나 하는 보조적인 역할만 합니다. 2단계는 1단계보다는 기계가 스스로 알아서 할 수 있는 일이 많아진 단계로 커브길에서 스스로 방향을 틀거나 차간 간격을 유지하면서 도로에서 스스로 운전을 할 수 있는 단계입니다. 하지만 운전자가 항상 기계로부터 통제권을 넘겨받을 준비를 하고 있어야 하기 때문에 그냥 운전을 하는 것보다 더 신경이 쓰이는 단계라고도 볼 수 있습니다. 하지만 3단계부터는 변화가 많지 않은 고속도로 같은 환경에서는 거의 대부분의 운전을 기계가 하기 때문에 운전자가 불안해 하며 차를 통제하려고 항상 준비하고 있지는 않아도 되는 단계입니다. 3단계가 고속도로와 같은 제한된 환경에서 이루어졌다면 4단계는 그것보다는 더 다양한 환경에서 자동차가 스스로 운전을 할 수 있어서 운전자의 개입이 최소화된 단계입니다. 그리고 마지막 5단계가 완전 자율주행 단계로서 전혀 인간 운전자가 주행에 개입하지 않아도 목적지만 말하면 자동차가 알아서 목적지까지 갈 수 있는 기술 단계입니다. 운전자는 운전에 신경 쓰지 않고 차 안에서 책을 보거나 영화를 보거나 잠을 잘 수도 있는 단계입니다. 사실 5단계에 이르지 않으면 '자율주행'이라는 말에 모순이 있고 자율주행을 다섯 가지의 단계로 나눈 것도 억지스러운 면이 있습니다.

포드나 폭스바겐은 현재 AI 기술의 한계와 그 기술이 남긴 틈새에서 인간이 아직 기능해 줘야 함을 깨닫고, 더 이상 밑 빠진 독에 물을 붓는 식의 투자를 하지 않겠다고 선언한 것입니다. 이를 일견 자율주행 AI 기술의 실패로 보는 시각도 있지만 제 생각은 다릅니다. 5단계 전의 자율주행차라고 할지라도 정말 피곤한 상태에서 명절 귀경길의 자신의 지친 몸과 마음을 대신해 막히는 구간을 대신 운전해 줄 수 있는 자율주행차가 있다면 사고도 줄어들고 명절 후 그렇게 지치지 않을 것입니다. 인간이 할 수 없는 부분을 이렇게 기계가 도와주며 한동안 공생 관계를 지속해 나갈 것이 너무도 분명하기 때문에 AI는 이제 동반자로 인식되어야 하며 경쟁 관계로 인식되어서는 안됩니다. 공생이라는 것은 서로가 서로에게 제공할 것이 있다면 가능합니다.

✣

인간의 뇌는 생물학적 기관으로서의 한계를 지니고 있으며 AI처럼 빅데이터 기반 확률적 사고에 특화되어 있지 않기 때문에 사실 상당한 사고와 행동의 오류를 만들어 냅니다. 이러한 오류들이 개인의 소지품을 어디에 두었는지 찾다가 발견하는 해프닝 정도로 끝나는 경우는 상관없지만, 의료 시스템이나 사법 시스템 등 인간의 생명이나 자유가 달린 경우에는 심각한 결과들을 초래할 수 있습니다. 따지고 보면 인류 역사에 일어난 무수히 많은 전쟁과 갈등 역시 인지 및 행동의 오류에서 비롯된 것일 수 있습니다. 개인의 생존을 위해서 거의 완벽한 추론을 하는 맥락적 기관으로서의 뇌이지만 생명체로서의 뇌가 가진 한계를 극복하지 못한 것 역시 과학적 사실임을 인정해야 할 것 같습니다. 그리고 생명체로서의 뇌가 가진 정보처리의 한계를 이제 AI로 대변되는 데이터 기반 확률적 패턴 분석 기술이 보완해 줄 수 있는 시대가 열리고 있습니다. 지금까지의 뇌의 인지적 모델에 기반한 완벽한 추론이 더욱 완벽해질 수 있는 기회라는 희망을 품고 이를 구현하기 위해 노력하는 길이, 아마도 변화하고 있는 생태계에 적응할 수 있는 인간의 최선의 옵션이 아닐까 생각합니다.

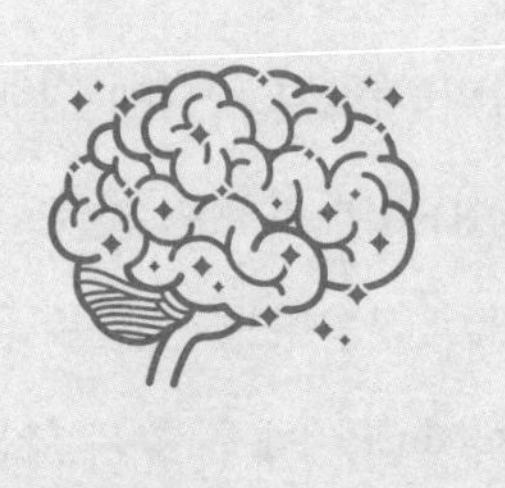

epilogue

저는 해마의 맥락적 학습에 대해 연구를 하는 것이 연구실에서 갖는 학문적 의미를 넘어서 인간의 일상생활 영위에도 매우 중요한 의미를 갖는다는 것을 조금이나마 알리기 위해 이 책을 썼습니다. 학자들은 매우 좁은 학문적 세계에서 자신들에게만 의미 있는 지식과 기술을 가지고 세상과 담을 쌓고 연구에 매진하는 사람들이라고 생각하는 경우가 많습니다. 하지만 학자나 전문가로서 한 우물을 깊이 파다 보면 자신의 연구 분야 혹은 전문 분야에서 파악하게 되는, 마치 세상의 모든 현상을 하나로 설명할 수도 있을 것 같은 근본 원리 같은 것을 느끼게 됩니다. 이것을 나만의 맥락 형성이라고 볼 수도 있을 것 같습니다.

처음 뇌에 대한 막연한 호기심으로 서울대학교 대학원의 실험실을 기웃거리던 거의 30년 전의 제 뇌와 그 이후로 뇌의 인지 기능에 대해서 수많은 실험을 하고 논문을 쓰고 학술 토론에 참여하고 강의를 하고 대학원생을 지도한 지금의 제 뇌가 매우 다른 상태임이 확실합니다. 이는 비단 대학에서 교수를 하는 학자뿐 아니라 삶의 여러 현장에서 소위 전문가 혹은 달인이라고 불리는 사람들 누구에게나 해당하는 이야기일 것입니다. 전문가가 알고 있어야 하는 지식과 기술의 양은 상당합니다. 그리고 그 지식과 기술은 매우 상세해야 하고 고도화되어 있어야 합니다. 또한, 전문가는 자신의 분야에서 일어나는 관련된 모든 일들뿐 아니라 관련된 주변에서 일어나는 일들 역시 자세히 알고 자신의 분야와의 관련성을 끊임없이 생각할 필요가 있습니다. 그래서 비전문가가 특정 분야의 전문가를 보면 그 지식의 방대함과 깊이에 놀라게 됩니다.

하지만 이 책에서 반복해서 강조했듯이 뇌의 자연스러운 작동 방식은 세상 속의 파편화된 정보들을 맥락이라는 뜨개질을 통해 하나의 패턴으로 엮는 방식입니다. 아무런 의미가 없을 것 같은 단순한 지식과 사실도 맥락 속으로 들어오면 재밌는 스토리의 일부가 되며 의미를 갖게 됩니다. 전문가가 되는 과정은 곧 자신만의 이러한 맥락을 갖게 되는 과정이라고 생각합니다. 요즘 유튜브 채널 중에는 특정 분야의 전문가가 나와서 자신의 분야가 아닌 다른 분야를 자신만의 시각으로 해석하고 견해를 공유하는 채널이 꽤 있습니다. 건축학과의 교수가 인류의 역사와 문화 트렌드에 대해 평하기도 하고, 물리학자나 생태학자가 자신의 분야가 아닌 다른 학문 분야나 일상생활 속 현상에 대해 논하기도 합니다. 물론 뇌과학을 전공한 분이 인간의 다양한 행동과 사회 속에서 벌어지는 다양한 현상에 대해 설명해 주는 영상도 많습니다. 이런 영상들과 채널들은 전문가는 매우 좁은 분야에서 특수한 기술을 발휘하고 지식을 활용하는 사람이라는 기존의 편견을 깬 것이라 신선합니다. 이처럼 한 분야의 전문가가 다른 분야나 자신의 전공이 아닌 현상에 대해 독특한 시선을 가질 수 있는 것은 그 사람이 전문가가 되는 과정에서 사물과 현상을 해석하는 독특한 맥락적 인지 구조를 뇌에 형성했기 때문에 가능한 일입니다.

이처럼 세상을 바라보는 독특한 맥락적 시각을 갖는 일은 앞으로 미래에 다가올 발달된 인공지능 시대에 조금 더 인간적으로, 그리고 주체적으로 살아가기 위해서 중요해질 것 같습니다. 갓난아기가 태어나서 일생을 살아가는 과정에서 우리 뇌의 신경세포들은 경험이라는 재료들을 이용해서 다양한 뜨개질을 시도하고, 이를 통해 세상 어디에도 존재하지 않는 독특한 무늬를 갖는 멋진 맥락적 인지 모델이라는 스웨터를 만들어 냅니다. 그리고 이 독특한 인지 모델을 입은 나는 바로 세상 어디에도 존재하지 않는 매우 독특한 정체성을 가진 개인입니다. 당연히 경험하고 살아온 과정이 다를수록 서로 다른 맥락적 인지구조를 가진 사람들을 많이 보게 될 것이고, 이를 통해 인류는 진화의 과정에서 급변하는 환경에 대처하기 위해 꼭 필요하다고 잘 알려진 '다양성'을 확보할 수 있게 됩니다.

불행히도 현대 사회에서는 나만의 맥락을 뇌에 형성하기가 쉽지 않습니다. 개인 맞춤형 추천이라고는 하지만 대부분의 사람이 보는 영상을 모두가 공유하게 되고, 정보의 획득과 학습을 유튜브 채널들을 통해서 하는 사람들이 많아졌기 때문입니다. 그럴수록 인간 경험의 상이함으로 인해 가능했던 다양한 맥락적 사고를 하는 이들은 점차 줄어들고 사람들은 점점 더 획일화되고 자기만의 개성을 잃어 가게 되는 것 같습니다. 이 책을 읽고 뇌가 세상에서 벌어지는 일들을 파악하고 행동하는 데 맥락적 학습과 기억이 중요하다는 것을 이해하고, 자신의 맥락 형성 작업에 주변의 어떤 재료들이 쓰이는지 점검하고 생각할 수 있는 기회를 잡으시기를 희망합니다.

아무 생각 없이 무언가 그냥 외부에서 주어지는 것들을 보고 듣고 경험하며 사는 것은 우리의 뇌를 제대로 활용하는 방법이 아닙니다. 엄청난 가소성을 지니고 무엇이든 학습할 수 있는 우리 뇌는 그렇게 함부로 쓰기에는 너무나도 성능이 우수하고 소중한 공간입니다. 이 뇌라는 공간에 무엇을 넣는지에 따라 멋진 꽃과 나무가 나만의 독특한 방식으로 배치된 세상 하나뿐인 아름다운 정원이 될 수도 있고, 천편일률적으로 똑같이 공장에서 찍어 내는 그저 그런 조화들로 구성된 단조로운 공간이 될 수도 있습니다. 더 중요한 것은 자신의 뇌를 어떻게 꾸미느냐에 따라 세상을 보는 눈이 달라지며, 세상을 보는 눈이 달라짐에 따라 사는 방식 또한 바뀌게 된다는 사실입니다. 거창한 말 같지만 내가 지금 이 순간 경험하는 것 하나하나를 마치 정원을 꾸미기 위해 놓는 정원석 하나하나를 고르듯이 중요하게 생각하고 능동적이고 주체적으로 선택해 나간다면 마침내는 나만의 멋지고 독특한 맥락을 갖는 뇌가 될 것입니다.

❖

뇌과학은 지난 반세기 동안 매우 빠르게 발전해 왔고 앞으로 훨씬 빠르게 우리 뇌의 신비를 풀어 나갈 것입니다. 특히 뇌에서 인지 기능이 어떻게 구현되는지를 과학적으로 이해하는 것을 넘어, 우리 뇌 속의 해마, 선조체, 편도체, 전전두피질 등 각각의 신경망의 기능을 정확히 측정하고 이를 강화시키는 훈련이 가능해질 것입니다. 마치 건강검진을 받으러 가면 나의 심장, 허파, 간, 위, 대장 등의 장기의 상태를 여러 가지 검사를 통해 무엇을 주의해야 하는지 알려주듯이, 우리 뇌의 각 영역에 대해서도 그 기능을 검사하고 현재 상태를 알 수 있게 될 것입니다. 그리고 심폐기능을 강화하기 위해 유산소 운동을 하고 허벅지 근육을 단련하기 위해 스쿼트를 하는 등 몸의 단련하고 싶은 부위별로 다른 기구를 써서 운동하듯이, 뇌의 각각의 신경망을 개인의 수준에 맞게 효율적으로 훈련시킬 수 있는 맞춤형 방법이 개발될 것입니다. 정상적인 상태의 해마를 더욱 우수하게 단련시켜 치매를 예방한다거나, 감정을 조절하는 편도체 등으로 이루어진 신경망을 조절하는 법을 훈련하여 감정과 스트레스를 잘 통제하게 되는 미래를 상상해 보셨나요? 뇌과학의 발달 덕분에 이와 같은 미래는 생각보다 훨씬 빨리 우리에게 다가올 수 있습니다.

여러분은 이런 미래를 살 준비가 되셨나요? 만약 자신의 뇌를 맞춤형으로 훈련하고 조절하실 수 있다면 뇌에 어떤 맥락을 만들고 싶으신가요? 지금까지 누구도 깊게 생각해 보지 않았던 질문일 수 있지만 이제 모두가 자기 뇌의 설계자가 되기 위해서 반드시 고민해 보아야 할 질문입니다. 인공지능의 발달로 인류가 이제 인간이 무엇인가에 대해 고민하게 되었듯 과학과 기술의 발달은 우리 인간에게 점점 우리 자신에 대해 더 잘 알고 뭘 원하는지 확실히 할 것을 요구하고 있습니다. 흔한 표현이지만 '미래는 준비하는 자의 것'이라는 말이 잘 들어맞는 대목입니다.

KI신서 11664
퍼펙트 게스

1판 1쇄 발행 2024년 1월 3일
1판 3쇄 발행 2025년 1월 2일

지은이 이인아
펴낸이 김영곤
펴낸곳 (주)북이십일 21세기북스

서가명강팀장 강지은 **서가명강팀** 강효원 서윤아
디자인 김지혜
출판마케팅팀 한충희 남정한 나은경 최명열 한경화
영업팀 변유경 김영남 강경남 황성진 김도연 권채영 전연우 최유성
제작팀 이영민 권경민

출판등록 2000년 5월 6일 제406-2003-061호
주소 (10881) 경기도 파주시 회동길 201(문발동)
대표전화 031-955-2100 **팩스** 031-955-2151 **이메일** book21@book21.co.kr

ISBN 979-11-7117-352-5 03400